催眠过程

催眠不可思议的作用

催眠术
越简单越实用

CUIMIANSHU YUEJIANDAN YUESHIYONG

曹兴泽 —————— 编 著

江西美术出版社
全国百佳出版单位

图书在版编目（ＣＩＰ）数据

催眠术越简单越实用 / 曹兴泽编著 . -- 南昌：
江西美术出版社，2017.7（2021.4 重印）
ISBN 978-7-5480-5446-7

Ⅰ.①催… Ⅱ.①曹… Ⅲ.①催眠术—基本知识
Ⅳ.① B841.4

中国版本图书馆 CIP 数据核字 (2017) 第 112622 号

催眠术越简单越实用　曹兴泽　编著

出版：江西美术出版社
社址：南昌市子安路 66 号 邮编：330025
电话：0791-86566329
发行：010-88893001
印刷：三河市华成印务有限公司
版次：2017 年 10 月第 1 版
印次：2021 年 4 月第 3 次印刷
开本：880mm×1230mm 1/32
印张：8
ISBN 978-7-5480-5446-7
定价：46.00 元

前　言

催眠术是一种运用暗示等手段让受术者进入催眠状态，并由此产生神奇功效的方法。它是以人为诱导引起的一种特殊的类似睡眠又非睡眠的意识恍惚的心理状态。作为一种神奇的心理操控术，催眠术能够直接作用于人的心灵，对于改变信念与行为模式有特殊的功效。随着研究越来越深入，催眠术的应用越来越广泛，涉及心理保健和医学界、商业界、教育界、体育界、司法界等多个领域。大量的临床实践也表明，催眠术在减压放松、消除身心疲劳感、改善睡眠、提高休息质量、调整心态、增强自信与改善情绪等方面都有神奇的功效。无论是对需要缓解压力、增强业务能力的职场白领，还是对希望增强记忆力、开发潜能的学生，无论是渴望放松身心、控制体重、提升自信心和表现力的爱美人士，还是对想要改善睡眠质量、强化免疫力的老年人都有着不俗的效果。

催眠术不是与人们生活不相干的奇怪法术，也不是遥不可及的高深修行，而是最直接最简单的帮助人们缓解压力的心灵放松手段。懂得催眠术，你可以帮助家人催眠，帮助同事催眠，或者自我催眠，与大家一起享受催眠带来的减压放松、消除身心疲惫、提高睡眠质量、调整心态、增强自信心与改善情绪等神奇功效。

舞台上的催眠表演是真的吗？催眠师可以让人做违背意愿的事吗？会不会成为一睡不醒的睡美人？催眠对所有人都有效吗？催眠真的可以控制人的大脑吗？催眠对人的身体有害吗？催眠真的可以减肥、戒烟、完善自身吗？……一切你最想知道的催眠问题，都能在这里找到答案。但是，光掌握催眠的技术和理论是不够的，我们的目的是帮助读者应用相关的技术和理论去改变现状，完善自身，即学即用才是关键。睡不着？压力太大？焦虑？渴望事业成功？希望快速把产品销售出去？没有自信？……求助别人，不如自己用点催眠术！

事实上，只要掌握了基本的技巧和理论，催眠就像骑车、走路一样简单。

催眠这么好，会用它的人却非常少。鉴于此，我们推出这本《催眠术越简单越实用》。本书针对读者对催眠所抱有的各种关心、疑虑和问题入手，从神奇的催眠术、学习催眠术就是这么简单、每个人都可以成为催眠师、奇妙的自我催眠术、催眠术即学即用等方面系统介绍了催眠术的历史、现状及作用机制，阐述了催眠与暗示的关系以及催眠诱导的各种方法，详细列举了现代催眠术专家惯用的催眠疗法，结合真实个案详尽揭示了改变生活状态、消除心理阴影、戒掉怪异行为等催眠施术的全过程。让读者充分了解催眠的心理机制，并学会使用催眠术。

最强大、最流行的催眠术，帮助我们轻松建立新的习惯与新的态度，拥有全新的个性与人生观！读完本书，你不但学会帮别人催眠，还学会了通过自我催眠改善整体身心状态、开发个人潜能、随时随地解决问题。催眠这么好，还等什么呢？让我们一起来学习吧！

目录
CONTENTS
催眠术越简单越实用

第一篇 神奇的催眠术

第二篇 学习催眠术就是这么简单

第五篇 催眠术即学即用

第一篇

神奇的催眠术

PART 01
催眠术的历史和现状

初探催眠术

追溯起来，催眠术与许多事物有着相同的发展历程，早在遥远的古代，人们就对它有所了解，或者说有了对它认识的萌芽。下面我们就先来简单介绍一下人们对催眠术的认识历程。

自远古以来，人类就着迷于（有时是恐惧）心灵的力量。古往今来，发掘人类意识秘密并发挥其潜能的探索者层出不穷。埃及、希腊、罗马以及其他一些文明古国所采取的技术与我们今天所知道的催眠术极为相似，但这都处在萌芽阶段。

到了中世纪，一些伟大的医师仅仅通过他们的触摸就可以达到治疗效果。之后，随着理性时代的降临，先驱科学家们试图理解并解释意识的奥秘。安东·梅斯默和詹姆士·布莱德，甚至西格蒙德·弗洛伊德都置身于先驱者的队伍之中，使催眠最终成为最具疗效的工具之一，为催眠的广泛应用做出巨大贡献。

翻过漫长的历史书卷，进入现代，催眠也有了长足的发展。不难发现，催眠已经真正成为一门有理有用的应用科学。现在，在很多国家有名望的大学、医院里，都设有催眠研究室，并积极地把催眠应用于医学、教学、产业等领域，进行可行性研究。

乍一看，催眠给人以神秘、魔术般的印象，这也是合乎情理的。但是，认真研究一下催眠就会知道，催眠不是像魔术、占卜那样虚幻的东西，也不仅仅是催眠、被催眠这一单纯的过程，实际上，它有着非常严密、完整的理论，是一门古老而又年轻的大有作为的科学。

催眠术的端倪

据心理治疗学家查考，尽管走上科学化道路是在西欧，催眠术的最初发源地则是埃及、印度和中国。当时埃及人似乎使用了一种医疗方法：当病人"入睡"时，或者至少是闭上双眼时，牧师讲话并把手放在病人身上，借助于语言来治疗病人，使其得到快速康复。这一技术在3000多年前就已得到应用。古代中国和印度也被认为使用过这种医疗方法。

在古代的东方，这种"类催眠"现象是举不胜举的。像中国古代的江湖术士所惯用的让人神游阴间地府、扶乩等，事实上都是借助于催眠术的力量，使人产生种种幻觉或进入自由书写状态。据中国古代文献记载，在周穆王时期，就有西极幻术师来中原，能投身于水火、贯穿金石、移动城邑、变万物的形态、解他人的忧虑。这些传说中自然有不实之处，但仍可窥见现代催眠术的迹象所在。

希腊人有一种被称为睡眠神庙的建筑，病急求医的患者躺在这里睡一觉，在睡觉时，疾病的治疗方法就会在梦境中出现。最受欢迎的神庙是供奉希腊医神阿斯克勒庇俄斯的神庙。阿斯克勒庇俄斯是约公元前1200年的一位医师，他杰出的医治本领使他受到希腊人和罗马人的尊崇，人们称他为"医神"。

古罗马的僧侣每当从事祭祀活动的时候，就先在神

的面前进行自我催眠，呈现出有别于常态的催眠状态下的种种表现，然后为教徒们祛病消灾。由于僧侣们的状态异乎寻常，教徒们疑为神灵附体，故而产生极大的暗示力量。古罗马的一些寺庙还为虔诚的教徒们实施祈祷性的集体催眠，让他们凝视自己的肚脐，不久就会双眼闭合，呈恍惚状态，这时可以看到"神灵"，还可听到神的旨意，等等。不过，较早有意识地将催眠与暗示运用于疾病治疗的，当推古希腊和古埃及的医生们。

整个罗马史上，这些睡眠神庙一直存在，并被认为是再平常不过的求医途径。当时的人们相信神会入梦并传授治疗方法，随时随地直接治愈病人，或者病人可以遵循医疗指示自行治疗。传说一个瞎了一只眼睛的病人不顾他人的怀疑到神庙求助，当他睡觉时，一个神出现在他眼前，熬了一些药草，涂抹在他失明的眼睛上，当他醒来时，那只眼睛便重见光明了。

当然，我们不能草率地把这些古代做法当成催眠。但是，这些例子告诉我们，古代人也许已经认识到了大脑和想象力可以用于治疗疾病，催眠已经初露端倪了。

御触

御触现象备受关注，很多人能够通过碰触患者治愈疾病，其中就包括希腊的伊庇鲁斯王皮拉斯（公元前318～前272年）。他因与罗马交战赢得的两次胜利而闻名，皮拉斯还有另一样了不起的本领：他可以用大脚趾碰触病人而治愈其疾病。此外至少还有两位罗马皇帝——维斯巴西安（公元9～79年）和哈德良（公元76～138年）以拥有同样的本领而著称，但他们不是用脚触摸。距离我们的时代更近的英国忏悔王爱德华（1003～1066年）和其同时代的法国国王菲利普一世都拥有碰触治疗的本领。这种碰触治疗其实指的是如今所说的暗示力量，即病人对自己会被治愈深信不疑，而这种信念会反过来帮助身体自行疗伤。对皇室、神职人员和其他显要人物可以碰触治疗的信仰贯穿中世纪始末并一直延续至近代。英国立宪君主查理二世（1630～1685年）在统治期间曾上千次使用"御触"。

瓦伦丁·格瑞特里克（1628～1682年）是众所周知的"抚摩师"，因具有用双手治愈疾病的惊人本领而著名。17世纪，这位出生在爱尔兰的士兵和政府官员因其超凡能力而声名远播，他可以治愈包括淋巴结核和疣类等疾病。有趣的是，在他的治疗过程中，一些病人仿佛进入了深深的恍惚状态而感觉不到疼痛。与之相吻合的是，现代催眠中，一些患者在恍惚中也会丧失痛觉，感觉不到疼痛。格瑞特里克在当时受到了一些科学家和国王查理二世的关注。他的主要治疗手法就是隔着病人的衣服进行抚摩，有时候也使用药剂。格瑞特里克有可能无意识地"催眠"了病人，使其收到了会被治愈的心理暗示。

想象与磁铁

中世纪时，学术界和伟大的思想家们一直在思索心灵的力量，尤其是想象力和意志力是如何影响治疗过程的。14世纪的作家彼得·阿巴诺认为单凭语言就可以治愈病人。之后，乔治·匹克托里斯·凡·维灵根（1500～1569年）声称，如果治疗者和病人都发挥想象力的话，符咒或咒语会收到更好的医疗效果。这一理论听起来跟我们现在的安慰剂效不无相似之处，即尽管病人没有服用任何药物（有时服下一颗糖丸），疾病最终还是被治愈。这是因为病人认为自己吞下了一颗真的药丸，使心灵意念作用到身体上，从而达到治愈效果。

这种想象力疗法的另一位拥护者是生于瑞士的医师、科学家和炼金学家帕拉赛索斯（1493～1541年）。他是倡导化学物质和矿物治疗的医学先驱者之一。同时，他也清醒地意识到了心灵的力量，将想象力称为治疗"工具"。帕拉赛索斯认为："围绕病人的精神氛围大大影响到病情。当然并非诅咒或者福佑发生了作用，而是病人的思想、想象力带来了疗效。"但是，想象力并不能主宰一切。

海尔神父

帕拉赛索斯提出一种理论——磁铁能够以吸引铁的方式吸引疾病。这一理论在接下来的几个世纪里被众多科学家进一步发展完善，其理念是人体含有一种有磁性的液体，这种液体一旦出现缺陷（发生损伤）就会引起疾病，而磁铁可以治愈疾病。

将这个观点发扬光大的人当属18世纪的天文学家和牧师麦克斯米伦·海尔神父（1720～1792年）。他是一位杰出的科学家，后来成为当时奥匈帝国首都维也纳皇家天文台台长。他也对帕拉赛索斯的磁铁治疗观很着迷。同时，人们在18世纪中叶发现磁铁可以人工合成，这也促进了他对磁铁疗法兴趣的高涨。海尔发现，他可以通过在病人周围以各种方式摆放磁铁来治愈或缓解很多疾病，其中包括他自己所患的风湿病。尽管海尔似乎在治疗方面取得了巨大成就，但若不是另一位维也纳医师于1774年前来拜访的话，他也无法在催眠史上占有一席之地。这位拜访者就是弗兰茨·安东·梅斯默。至此，现代催眠学就要拉开序幕了。

催眠术的发展

梅斯默的动物磁流学说

我们大多都听说过mesmerizing（实施催眠、迷惑的）和mesmeric（催眠的、迷人的）这两个单词，它们都得名于弗兰茨·安东·梅斯默。梅斯默于1734年出生于靠近今天德国和瑞士交界处的康士坦茨湖畔。梅斯默性格古怪，被当时的很多人认为是骗子。以今天的标准来看，他的有些理论确实奇怪，但是他仍然被尊为催眠史上最为重要的人物之一。梅斯默似乎从未理解过心灵的真正力量，如果他仍然在世的话，也肯定会将当今有关心灵力量的观点拒之门外，但是他的荣誉、人格魅力乃至其所用方法的显著疗效，都极大地鼓励着后世的先驱者们前仆后继、孜孜不倦地探索催眠的真正原理。

梅斯默的父亲是一位猎场看守人，年轻的梅斯默先后攻读了神学和法律，之后逐渐对成就他一生事业功名的领域——医学产生了浓厚的兴趣。他于1765年毕业于享有声望的维也纳医学院。这位年轻的医生对行星和潮汐等自然现象很是着迷，这使他潜心钻研了外界自然力对人体的影响。他在大学论文中写道（之前也有其他科学家写过了）：世间存在着某种无所不在的引力流体。以该流体为媒介，行星等大型天体可以对包括人体在内的其他物体施加影响。尽管这对我们来说比较怪异，但在当时却并非标新立异或特别罕见。梅斯默由此迈出了探索之路的第一步，这也就是后来世人所知的"动物磁流学说"。

起初，梅斯默在维也纳是一名普通的从业医师，他与一个富有的寡妇玛莉亚·安娜·冯·宝施成婚，生活充裕。这时他结识了年轻早熟的作曲家莫扎特，便和妻子步入了上流社会。1774年的一场风波永远改变了梅斯默的生活。他的一个病人弗朗西斯卡·奥斯特琳身患神经紧张病，对常规治疗毫无反应。好奇心大作的梅斯默决定试用一个同时代医师——麦克斯米伦·海尔神父的非正统治疗方法。他让奥斯特琳喝下含有铁的液体，然后把磁铁附着在她的身体上。几个疗程后，病人重获健康。

这对于梅斯默来说是个转折点，他深信自己发现了磁性的力量。不久，他开始将自己关于普遍流体的理论与这一新发现结合起来。他断言宇宙间存在着一种无所不在的磁流，将包括人类在内的万物联系在一起，这样，"动物磁流学说"就诞生了。梅斯默坚信，疾病是由于人体内的磁流不畅、出现阻塞而引起的。他尝试使用磁铁来对病人体内的磁流施加影响，疏通阻塞，治愈疾病。

梅斯默相信自己使用磁铁和铁棒的疗法可用物理原理进行解释。他认为世间存在着一种无所不在的磁流，人体内也存在着类似的流动磁力。梅斯默相信自己通过操纵这一磁流可以治愈包括神经紧张在内的多种疾患。他还认为对疗程施加影响的是自己强有力的动物磁性，他只是把这一磁性传导给病人。他的目标是在治疗者和患者之间建立一种"磁极"。梅斯默的病人几乎都是女性，而治疗的一部分就是抚摩病人——他的动机遭到怀疑。

梅斯默坚信他的治疗原理是纯生理的，与心理无关；他认为是磁流产生了疗效。在治疗过程中，他完全忽视了病人的心灵或想象——现代催眠学说的基石之一。

梅斯默的新型治疗手段使他一夜成名。名门望族（尤其是妇女）成群结队地来拜访他，他开

始当众进行治疗表演。除此之外，他还免费为穷人们提供医疗服务，帮助妇女战胜分娩的痛苦。梅斯默的声誉达到巅峰。然而，他仍不被科学界信服，人们仍然对他的医术持怀疑态度。

后来发生的一件事迫使梅斯默背井离乡。来自维也纳的玛丽亚·特丽莎·帕拉迪斯是一名歌手兼钢琴师，18岁的玛丽亚备受皇后的宠爱。她从小双目失明，在众多知名医师试图为她恢复视力都以失败告终后，梅斯默于1777年开始为她治疗。治疗工具是一套稀奇古怪的仪器——金属和玻璃棒、盛满了水和铁屑填充物的浴室，很显然这是想要将磁流集中。这种治疗似乎有些成效，据梅斯默所说，玛丽亚的视力确实有所恢复。这让那些之前为玛丽亚医治却未见效果的医生大发嫉妒，他们互相勾结，怂恿玛丽亚的父母将女儿带离梅斯默的看护。结果，玛丽亚再次陷入完全失明的状态，梅斯默的声誉也一落千丈。沮丧而愤怒的梅斯默被迫离开维也纳，到了巴黎。

有一段时间，梅斯默认为巴黎是孕育他特殊理论的肥沃土地，据说王后玛丽·安托瓦内特对他的研究很感兴趣，然而他古怪奇异的理论再次让他惹祸上身。主流科学家坚持认为梅斯默是个骗子，而看起来花里胡哨的梅斯默催眠术也全都是骗局。为解决争议，国王路易十六于1784年成立了一个委员会，专门调查动物磁流学说，最后得出了动物磁流根本子虚乌有的结论。这一诋毁性结论给了梅斯默重重一击。

再次遭到科学界的唾弃之后，这位时运不济的医生离开巴黎，踏上了旅行之路。他仍然坚信自己的理论，仍然治疗病人，但再也无法向科学界证明自己的价值。梅斯默的后半生生活舒适却默默无闻，于1815年在家乡附近的小村庄逝世。

为何梅斯默这样一个行为怪异的医生在催眠史上如此受推崇呢？他留给我们的遗产在于，他能够利用对恍惚中的病人进行暗示的力量。他在治疗中使用的棒

第一篇 神奇的催眠术 |009

材、磁铁和铁屑本身都是没有任何效果的，但是它们可以帮助病人全神贯注地接受暗示，相信自己会痊愈。这才是梅斯默的治疗手段产生疗效的真正原因。对梅斯默的医疗方法感兴趣的医师们渐渐认识到，成功的关键并非磁性或动物磁流，而是心灵意念的力量。因此，尽管梅斯默自己搞错了理论根据，但他在这一领域的先驱工作为后世开启了大门。他的成就激励着后世去探索心灵以及催眠的真正力量。

普赛格侯爵的磁性睡眠

梅斯默去世后，动物磁流学说依然没有销声匿迹。一些狂热者摆脱了怀疑眼光，不断进行新的探索，使这一主题得以延续。最为重要的先驱者之一当属法国贵族地主普赛格侯爵阿尔曼德（1751～1825年）。普赛格侯爵曾经短期学习过梅斯默的疗法，并在他的工人身上进行了试验。使他大为惊讶的是，他发现自己可以使一个叫作维克多·瑞斯的年轻牧羊人进入类似睡眠的状态，同时自己又可以同他交谈。侯爵显然是发现了催眠性恍惚。他肯定没有意料到会有此发现，因为作为梅斯默的忠实信徒，他相信患者会经历一次危象和数次痉挛。侯爵称这种恍惚状态为梦游——现代催眠学说中称之为"磁性睡眠"。然而，这位梅斯默的学生很快开始怀疑这种现象的基础原理是基于磁流的存在的理论，于是，他重点强调了两项重要的心理素质——意念和信仰，认为同时拥有这两种素质的治疗者就会获得成功。这一观点使他远离了梅斯默等人使用的浴室、铁棒和类似道具，也使他摆脱了梅斯默引起的危象和痉挛。侯爵的另一项重要贡献是，当病人处于恍惚状态时，他与其对话，并对其疾病进行治疗暗示。这是催眠疗法的起源。

继普赛格的发现之后，其他磁力说的实践者也纷纷发现自己可以诱导病人进入恍惚状态，而且还发现了现代催眠中的其他状态，譬如肢体僵硬症（在恍惚状态中部分肢体暂时性无法动弹）和健忘症。普赛格直到今天还不为人熟知，但他是催眠发展史上当之无愧的无名英雄。

磁力学说渐渐传播开来，但认为这是一个以磁流从治疗者到患者传导为基础的生理过程的人愈来愈少。意念和心灵的运用愈来愈受到重视，葡萄牙神父荷西·法里亚（1753～1816年）进一步将其发扬光大。法里亚爱出风头，但他提出了催眠发展史上的两个重要观点。首先，神父让病人凝视一个固定不动的物体——通常是他的手,这种催眠诱导方法在以后得以广泛应用。其次,法里亚强调了类睡眠状态(恍惚)的重要性在于心灵对暗示的接受能力强。这也是现代催眠学说的一个关键特点。

然而,法国科学界——当时世界的科学中心之一——对磁力学说漠然视之、不为所动,催眠术的演变史暂时转向他处。

詹姆斯·伊斯岱的外科麻醉催眠术

催眠史上更为著名大师是詹姆士·伊斯岱(1808~1859年)。伊斯岱于19世纪40年代在印度加尔各答的一家医院工作。当时外科手术面临的一个突出问题是找不到有效的麻醉法。对此,伊斯岱采取的解决方案是利用当时仍被广泛称为梅斯默术的催眠方法对患者实施麻醉。伊斯岱从欧洲听说了这一非正统的医术而且认为并无风险,大可一试,结果引人注目。伊斯岱和其他医师使用催眠术在这家医院里进行了3000多例手术,术后死亡率从以前的50%降至5%。最令人称道的一次是对一个男病人的瘤切除手术,病人后来完全恢复并声称在瘤切除时没有感到任何疼痛。然而,伊斯岱的巨大成功并没有为催眠术在医学上的使用带来突破,他的方法遭到很多欧洲同伴的怀疑。19世纪40年代,醚和氯仿先后被发现,利用二者制造的麻醉剂开始盛行,催眠术被束之高阁。

在英国,梅斯默术的医学使用同样激起了疑云重重。约翰·伊利欧森(1791~1868年)在催眠史上的地位举足轻重,因为当他开始对这一主题产生兴趣之时,他已经是医学界德高望重的领头人物了。这样一位声名显赫的人士公开拥护磁流学说,不可避免地引发了英国医学界的激烈辩论。一个名叫拜伦·杜波德的法国人在19世纪30年代将神奇奥妙的梅斯默术介绍给了伊利欧森。鉴于自己的亲眼所见,身为英国伦敦大学医学院资深医师的伊利欧森,开始将这一技术用于手术麻醉。他的具体操作是将一枚磁化金属(比如镍币)在患者身上移动,这叫作磁力移动或梅斯默移动。伊利欧森在正统医术著作中报告了他使用梅斯默术所获得的巨大成果,同时他相信这是纯粹的生理过程,与心理无关。在一个病例中,他声称一位患乳腺癌的妇女在几个疗程后完全康复。然而,医学机构对此再次置若罔闻,原因并非催眠术没有疗效,而是没有人可以进行有理有据的解释。

尽管医学机构对梅斯默术可以说是深恶痛绝,但社会上很多人对19世

40年代和50年代进行的一些梅斯默术表演深深着迷。在英国，1851年被称为"梅斯默狂热年"。借助于铺天盖地的书籍、宣传册、报纸、杂志报道以及游行表演者，人们对催眠的兴趣空前高涨。

"催眠术之父"

弗兰茨·安东·梅斯默固然是催眠史上最为瞩目的名字，但"催眠之父"的桂冠当属苏格兰医师詹姆士·布莱德（1795～1860年）。布莱德具备了梅斯默所不具备的一切。他头脑冷静、实事求是，进行系统化科学研究，不为表演技巧或夸大的语言所动摇。他的一个不朽成就是发明了"催眠术"的固定说法，该名得自希腊睡眠之神海普诺思。不过他后来认识到使用这个意思为"睡眠"的字眼并不是最恰如其分的选择。同样重要的是，布莱德非常清楚催眠是什么以及不是什么。他反对来自梅斯默的磁流和磁性学说，认清了催眠的心理本质。

1841年，布莱德对催眠产生兴趣之时正在英国的曼彻斯特工作。他观看了卖弄张扬的法国梅斯默术师查尔斯·得·拉封丹纳的表演，起初是半信半疑。然而，在后来与拉封丹纳及其同事的一次私人会面中，这个法国术师使其追随者陷入了深深的恍惚中，这使布莱德深信其中确实存在着值得研究的科学现象。布莱德急于弄懂他的亲眼所见，对梅斯默术进行了两年试验后，他出版了以此为主题的书——《催眠学》。他在这本出版于1843年的书中首次使用了术语"催眠术"。

布莱德是第一位真正的现代催眠学家。他没有将这种现象与超自然联系起来，他不相信内在原因是磁流或动物磁性。他不像任何梅斯默术师一样进行抚摸，而是让患者把注意力集中在一件物体上——通常是他放置手术刀的盒子——从而引发恍惚。他还清楚地认识到心灵的力量可以影响到身体，而且按照恍惚的不同程度加以区分。

尽管布莱德是一位备受尊敬的医师，但他的催眠观点在英语国度里并没有被立即接受。不过，他的观点在后来大大影响了一些国家催眠术的发展进程。

弗洛伊德与催眠术

众所周知，西格蒙德·弗洛伊德（1856～1939年）是心理学发展史上影响最为深远的人物。不为人熟知的是，这位心理分析的始祖在事业早期曾经是催眠学的倡导者。

弗洛伊德早在19世纪80年代在巴黎学医时便开始接触催眠，而当时将催眠介绍给他的正是他的导师——法国权威精神病学家让—马丁·夏柯特。事实上，弗洛伊德很早便对这个课题产生了兴趣。当时他在维也纳学医，碰巧观看了备受赞誉的丹麦舞台催眠术师卡尔·汉森的表演。他在催眠秀中的亲眼所见使他坚信了催眠现象的真实性。

师从夏柯特数年后，弗洛伊德成为催眠学的公开拥护者，并在自己的治疗中加以运用。他对病人使用直接暗示，他还与同样身为科学家的朋友约瑟夫·布洛伊尔合作，对病人实施催眠疗法。二人最为著名的病例是对安娜·欧

的治疗。安娜患有当时被列为癔症的一系列症状。布洛伊尔发现，当她被催眠后，她可以将这些症状追根溯源到现实生活中，并由此得以治愈。

弗洛伊德对大脑的隐秘部分——潜意识及其对人体的影响几近痴迷，催眠学理论帮助他进一步探索这一课题。然而，19世纪90年代中期，他抛弃了催眠学，代之以自由联想方法。

为何他摒弃了催眠学而选择了其他领域呢？原因肯定不是他怀疑催眠的有效性，因为弗洛伊德多次成功运用这一技术，必然清楚其有效性。不过，他发现催眠中使用的暗示效果不能持久，同时他还担心患者会通过将自身的强烈情感移到治疗者身上（这一过程叫作移情）而对后者产生过度的依赖感。

一些批评者提出，弗洛伊德并不十分擅长催眠术，因此才想出自己擅长的一项新技术——自由联想。也许，更大的可能性是弗洛伊德对当时实施催眠术的专断方式不甚满意：患者以一种极其直接的方式被告知自己将要进入睡眠状态，而今天更受欢迎的方法是间接的所谓容许性的手段。

无论真正原因到底是什么，最终结果是，弗洛伊德的抉择使催眠学在19世纪来临之际丧失了成为大脑科学前沿学科的机会。

20世纪的催眠学

皮埃尔·简列特

20世纪初期，科学界对催眠学的兴趣与日递减，部分原因是弗洛伊德与其他一些科学家在心理分析领域引领了新方向。催眠术不再被当成理解大脑技能的工具，也不再被用来治疗患者。这样，催眠术在历史上又一次被杂耍艺人和表演术师们用来哗众取宠，而科学再次将其拒之门外。直到今天，舞台催眠师仍然坚称是他们的前辈在19世纪末20世纪初维持了催眠学的生命。

不过，仍然有一些医学专家一如既往地支持催眠事业的发展，法国人皮埃尔·简列特（1859~1947年）就是其中之一。简列特认识到他所称的"潜意识"是与意识并存的永久性状态。他认为，大脑在催眠中被分离，即分裂为意识和潜意识。而在深度恍惚中，潜意识实施有效控制。简列特认为一个人遇到的问题可以被强迫进入他的潜意识中，出现癔症症状。这个观点以及简列特的潜意识理论都与弗洛伊德的理论很相似。与其同时代人不同的是，简列特依然相信催眠的作用。1919年，他虽不得不伤感地接受催眠被忽略的现实，却预言道：催眠终有一天会再次成为严肃科学的研究领域。

克拉克·赫尔

另一位对催眠兴趣不减的专家是美国心理学家波里斯·萨迪斯。他在1898年出版了一本对心理学意义重大的著作《暗示心理学》。在英国，约翰·米尔恩·卜兰威尔于1903年出版了著作《催眠术：历史、实践与理论》。这本书使学术界对于催眠术的兴趣得以延续。

当时，催眠学的最主要人物是美国学者克拉克·赫尔，他是当时最受尊崇的心理学家。赫尔于1918年获得了威斯康星大学的心理学博士学位，并在接下来的15年中将大部分时间用于研究催眠术，尤其是暗示感受性。他的努力终于结出了硕果，他于1933年出版了著作《催眠与暗示感受性》，这本书直至今天仍然是该领域的重要文献。赫尔的首要成就之一是鼓励各大学和研究所进行催眠学研究。在此之前，大部分的研究都是由个体治疗催眠师在接受催眠的患者身上进行的，因此缺乏科学严密性和精确度，而科学机构对催眠仍持怀疑态度。1930年，身在耶鲁的赫尔被禁止在学生身上进行催眠实验，因为学校当权者害怕这会带来危险。

米尔顿·艾瑞克森

在1923年的一次讲座上，威斯康星大学的一位年轻的心理学学生对克拉克·赫尔的催眠术展示大为着迷，他将受催眠者拉到一旁，自己进行了亲身实验。这名学生就是米尔顿·艾瑞克森（1901~1980年）。由此开始，他踏上研究催眠的征程，最终成为美国催眠学界的泰斗。他既是研究者又是从业者，在长期的职业生涯中对数千人实施了催眠。艾瑞克森出身贫寒，在世的大部分时间疾病缠身，但他却出类拔萃，极具人格魅力，一直把催眠术用作治疗工具。他最为重要的观点之一是无意识的心灵是自我治愈的无比强大的工具。他相信，我们每个人体内都蕴藏着自我帮助、自我修复的能力。

艾瑞克森在个人成长道路上跨越了无数障碍，最终成为美国最负盛名的催眠学家。他出生于内华达州的一个贫苦家庭，17岁时身患小儿麻痹症，行动大大受限，医生诊断说他将永远失去行走能力，但他凭借顽强的抗争证实了医生论断的错误性。在以后的生命中，艾瑞克森受到病魔的一次又一次攻击，经历了小儿麻痹症的数次病变，除此之外，艾瑞克森还是色盲和音盲。但他从未退缩，与疾病进行了一次又一次的抗争。他说，由于年轻时患病导致行动受限，他对肢体行动以及人们如何进行语言和非语言交流非常敏感，这使他能更好地观察和理解病人的反应。他所遇到的麻烦不仅是生理方面。在事业早期，当时不相信催眠术的医学权威威胁要没收他的行医执照。

　　艾瑞克森对催眠术做出的最大贡献是研发了诱导恍惚和对无意识大脑进行暗示的有效技巧。在他之前的恍惚诱导方法十分单一教条，接受催眠的患者只是被告知自己感到困倦、将要进入恍惚状态。艾瑞克森没有完全摒除这一方法，但主张根据患者个体的个性和需要对治疗师的手法加以调整。他研发了被称为间接催眠或"容许性"催眠的技巧，通过运用语言使患者融入双向过程中去。他们会有效地将自己导入恍惚状态。其中一个著名手法是"混乱"技术，即通过在混杂的句子中使用毫无意义的词语，使有意识的头脑发生涣散，继而使患者进入恍惚状态。艾瑞克森还在催眠中使用隐喻和讲故事的手法，对他来说，语言的想象性使用非常重要。他总是在治疗手法上极为创新，并且相信几乎每个人都可以被催眠。艾瑞克森写下了大量催眠著作，但成为他永久性遗产的仍然是这一实用而创新的催眠疗法。当今的许多从业人员都在他的著作中得到了启发。

催眠术论战

　　美国催眠治疗师大卫·艾尔曼（1900~1967年）是一位舞台催眠师的儿子，研究出了迅速有效的恍惚引导技巧。他着重于绕过大脑的判断技能而导入恍惚。与艾瑞克森一样，他的催眠技巧和手段也被当今治疗师广为采用。

　　20世纪后半期，催眠的医疗运用——催眠疗法——越来越普遍。与此同时，关于催眠性质的两种互相冲突的理论也在发展之中。

　　论战的一方认为人们在催眠中的意识状态发生变化。另一方则是学院派（也称自由主义思想流派），他们坚称催眠状态根本不存在，催眠中发生的一切都可以通过现存的心理现象得以解释。学院派中有部分美国学术界人士，西

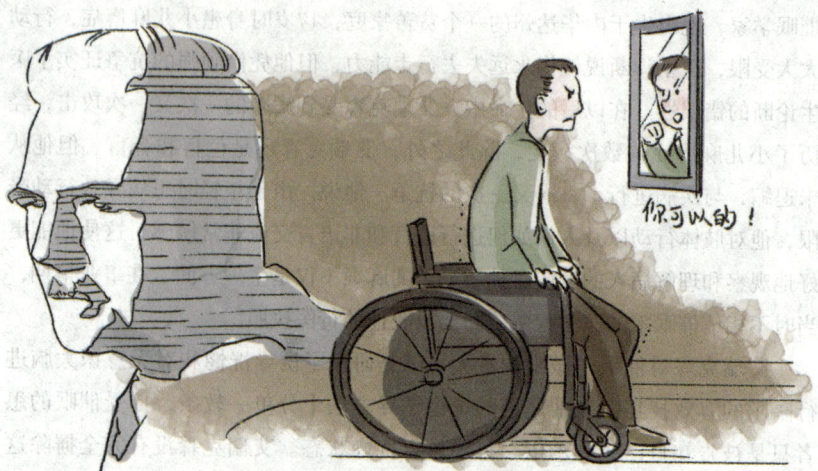

你可以的！

　　奥多·色诺芬·巴伯尔就是其一，他认为接受催眠的患者在催眠中的所作所为源于"任务动机"，即患者高度合作的意愿。他还认为患者在催眠状态下的行为来自于自身的想象。

　　与此针锋相对的是一些理论学家，比如已故的欧内斯特·希尔加德，他是斯坦福大学的资深心理学教授，20世纪后半期催眠科学研究的先驱者。希尔加德认为，被催眠的人们会做出一些自身特有的行为。他规避了"状态"这个词，而是代之以"催眠范畴"。这场关于催眠性质的论战一直延至今日。

　　20世纪催眠学界的另一位重要人物是柯盖特大学的心理学教授乔治·埃斯塔布鲁克（1895～1973年），他与艾瑞克森正好相反，提倡传统的直接催眠诱导法。他的典型做法就是对患者说诸如"你马上要睡着了……我叫你时你才会醒……"的话。他还相信，在福利事业和间谍领域利用催眠具有潜在可能性。他声称："我可以将一个人催眠，使他在毫无意识或违背自己意愿的情况下通敌叛国。"

　　在1943年出版的著作《催眠术》中，埃斯塔布鲁克提出被实施催眠的敌人队伍会危害到美国国防。两年后，他协助撰写了一部名为《心灵之死》的小说，小说中，德国人催眠了美国军人，使其自相残杀。

催眠术的现状

21世纪来临时，催眠术已经走过了漫长的发展道路。它最初起源于弗兰茨·安东·梅斯默的动物磁流学说，前景并不被看好，而如今催眠学已正式成为一个合法的科学研究领域，还是一种宝贵的治疗工具。每天，世界各地都有成千上万的人使用催眠来戒掉坏习惯、缓解疼痛或进行其他治疗；运动员、政治家、媒体明星和商界精英纷纷借助于催眠来赢得更大成功。然而，仍然有大量普通人对其半信半疑。造成这种情况的部分原因是社会上各种媒体形式对催眠的报道和描绘；还有部分原因应归咎于一些催眠术的不当使用者，他们将催眠术用于不可告人的目的。

一些人不愿将催眠看成一个严肃课题的另一原因是，科学家们还不能充分解释其作用机制。就连学术界还在对催眠的性质甚至其真实性争论不休，那么大众感到迷惑也就大可以原谅了。

值得庆幸是，催眠正在稳步赢得医学界的认可和接纳。早在1958年，美国医学学会就宣布它是安全的，没有任何副作用。此前3年，英国医学学会也做过类似声明，证实催眠是一个有效的医疗工具，可用于治疗精神神经病、缓解病痛。同时，美国和其他地方的众多医院也纷纷开始使用催眠缓解病人疼痛，并借此帮助病人适应其他治疗方法。

PART 02
全面认识催眠术

什么是催眠术
催眠术概述

现代科学日新月异，取得了无数惊人突破，但是人类大脑精密复杂的运作机制仍然是个没有完全解开的谜。这样说来，学术界仍然对催眠性质及其作用机制众说纷纭便不足为奇了。这并不代表催眠是虚假的。实际上，科学家在近来的实验中已经证明，人们的大脑被催眠后确实会发生变化，催眠现象是真实可测的。而且，很多医学专家也已经认可了催眠在治疗某些病症、缓解疼痛方面卓有成效。然而，还是没有一个普遍接受的理论可以确切解释催眠的性质以及运作原理，现存的大量科学观点各有不同，有时还互相冲突。

催眠是以人为诱导（如放松、单调刺激、集中注意力、想象等）引起的一种特殊的心理状态，其特点是受催眠者自主判断、自主意愿行动减弱或丧失，感觉、知觉发生歪曲或丧失。在催眠过程中，

受催眠者遵从催眠师的暗示或指示，并做出反应。催眠的深度因个体的催眠感受性、催眠师的威信与技巧等的差异而不同。催眠时暗示所产生的效应可延续到催眠后的苏醒活动中。以一定程序的诱导使受催眠者进入催眠状态的方法就称为催眠术。

催眠术在中外民间源远流长，近一、二十年来，随着由单纯的生物医学模式向生理、社会、心理这一新的医学模式的转变，社会、心理因素对疾病和健康的影响日益受到重视，使催眠术有了新的发展。

根据不同的施术方式、时间和条件，催眠术的种类划分也很多。

按施术者可分为自我催眠、他人催眠。按暗示条件可分为言语催眠，即运用语言进行暗示；操作催眠，是运用行为、动作、音乐或电流等作为暗示性刺激达到催眠状态。按意识状态可分为苏醒时催眠和睡眠时催眠。按进入催眠的速度可分为快速催眠和慢速催眠。按接受催眠的人数可分为个别催眠和集体催眠。按距离又可分为近体和远离，后者如电话、书信、遥控催眠。按催眠程度又可分轻度、中度和深度三种。

由于催眠术离不开暗示的方法，所以又可称为暗示催眠术，作为心理治疗的一种方法，也叫暗示催眠治疗。

什么是催眠

如果问100个催眠师，催眠的准确定义是什么，那么就可能会得到多于100种的答案。事实上，对于催眠的定义并没有一个统一的答案。通常人们对催眠到底是什么、不是什么是没有一个统一的定论的。大部分关于催眠的定义还是用来描述催眠是如何被导入的，而不是具体去解释什么是催眠。

出于指导意义，一个简短而广泛的综合定义得到了大多数人的认可。它涵盖了催眠的所有要点：催眠是一种注意范围被集中缩小的状态，在该状态下，建议性和暗示性可以被极大地提高。

人们可以通过很多办法进入催眠状态，从而让外界的建议、信息瞬时或持久的进入深层大脑。但是催眠并不能直接改变人，它只是能让人保持长久稳定的、最有利于进行改变的状态。

治疗学所使用的催眠状态纯粹是为了帮助催眠师达到治疗的目的，在该状态下，很多积极的想法、价值观念等会被高效率地吸收并且导入人大脑深处，从而给人带来可喜的转变。对比之下，舞台催眠师所提出的催眠建议或指令只在舞台表演过程中发挥作用，而临床医学催眠师所发出的建议或指令会在催眠开始后保持长久的效用。

事实上，医疗方面的建议只是推荐给受催眠者的两种建议中的一种。有些建议或提示是用来立刻改变受催眠者的信念、态度或行为的，而另一些建议和指令是用来引导受催眠者的一种滞后反应的，这种反应只有在催眠后的一段时间才表现出来。这种建议或指令被称为催眠后指令。这两种建议形式都是有效的，而且在催眠过程中均被广泛应用。

什么样的人才能被有效催眠

很多打算尝试催眠的人向催眠师提出的最常见的问题就是"我能被催眠吗"，回答往往是"是的"。

其实，催眠就好比一种力量———一种属于大脑的力量。催眠是你曾经多次进入的一种精神状态或操作过程，只是你不曾意识到而已。举个例子，当你在看电视或阅读小说的时候，就有可能已经进入催眠状态了。催眠治疗师把它称为"催眠行为"。催眠行为与催眠治疗的不同在于，后者的目的是让受催眠者进入一种指定的状态，并利用这种精神力量在实践中获益。比如说，电视节目制作人会通过广告来引导你进入催眠行为，从而去购买他们推销的产品；一个政治领袖会在演讲中利用自己关于精神领域的知识去感染那些听众。

对每个人来说，催眠既是一种技巧也是一种天赋。技巧是需要你去学习和练习的东西，天赋则是你本身所具备的能力。几乎每个人都具备一定程度的催眠方面的天赋。所以，可以肯定地说，你是可以被催眠的。

为了便于理解，我们把关于催眠的技术和天赋比作一个人的音乐天赋。很多人都有使用乐器的天赋（哪怕它是潜在的）。经过多次尝试、接触和练习，这些人会变得非常熟练，甚至会变成杰出的音乐家。还有一些在音乐方面极有天赋的人，只需要极少的练习或培训，就可能以出色的表现来震惊听众。然而，有些人先天失聪，也就没有音乐天赋了，对他们来说，再多的练习也不可能帮助他们在音乐方面成功。

对于催眠而言，大多数人都一样，都存在着一定的可能被催眠的潜质。至于你能够在催眠方面变得多么熟练，很大程度上取决于你有多大的兴趣以及你的练习程度。也许你具备这方面的天赋，可以选择简便、迅速地进入深度催眠。如果你想去参加舞台催眠表演，那么催眠师一定会注意到你，而你也很可能成为这方面的明星。你可能以惊人的效率来催眠自己，而不用像别人那样，需要经过大量的练习才能做到。还有极个别的人，天生就没有一点被催眠的天赋，因而不管他们怎么去尝试，也不可能被催眠。这种催眠缺陷产生的原因可能是由于精神或智力方面的失调导致的，也可能是一些大脑内部组织受损导致的。

如果天生就具备催眠的潜质，那么你可以充分利用这种潜质，不断完善这种技巧，尽快进入催眠。到底有多快呢？答案有两种：一种是你可能进入极度深层的催眠状态，另一种是你只进入了初步的催眠状态。但是必须牢记："初步的，中间状态的催眠，对于你想要达到的最终自我完善的目的，都是不可或缺的过程。"这句话的意思是说，只要你不是那种对催眠没有任何反应的人，你就可以通过不断的努力达到催眠，实现自己的目标。至于你能够达到哪种程度的催眠，很大程度上取决于你的决心和练习。最乐观的情况是在你第一次尝试催眠的时候就能成功，这样在以后的催眠过程中，你会越做越好，越做越快。

就像梅斯默理论刚刚提出来时，极度昏迷性催眠让很多人感到困惑、恐慌。为了避免类似的现象发生，这里先阐明一下什么是"极度昏迷"。其实有好多种极度昏迷的催眠状态，其中之一被催眠治疗师称为"梦游"。这也是媒体最感兴趣的一种，以至于把梦游当成催眠的主要象征。在现实生活中，有一些人容易进入这种深层的催眠状态。在催眠医学中，我们把这些人称为"梦游者"，因为他们很容易进入梦游状态。

梦游者在深层催眠状态下可以做出很多在初级催眠状态不可能发生的事情。他们几乎可以接受任何非威胁性的建议、指令。他们可以返回到任何年龄段。可以想起以前发生的任何事情，可以

激活自己的记忆，可以自动控制身体。他们甚至还可以接受一些特殊的非正常的催眠后指令，并且对催眠时周围发生的事情毫无知觉。这些人相当富有传奇色彩。那种愉快的体验是催眠爱好者的梦想。但是它太少见了，估计全球只有不到20%的人具备梦游的能力。

那些舞台催眠师，往往希望人们相信他们是可以让任何上台参与表演的人进入梦游的催眠状态的，而事实上，这是不太可能的，除非前去观看表演的观众足够多，而且正好其中有一两个人是那种能够梦游的人。就算这样，也需要催眠师费好大力气正好把他们挑出来。事实上，任何一个中等水平的催眠师都可以不费吹灰之力将这种具备梦游能力的人带入深度催眠状态。而这些人对那些催眠指令非常敏感而且容易接受。也就是说他们表面上是被催眠师催眠了，其实是由于他们自身具备这种潜能。

到目前为止，很多人还是固执地认为，只有梦游才是真正的催眠。这种想法，就好像认为只有像铅锤一样潜入到水平面以下两万里的深度才叫真正的潜水一样不可取。催眠是一个相对性的概念。很多人因为忽视了这一点而对催眠产生了误解。

催眠、沉思以及第一状态

催眠与沉思的区别是什么？由于用来定义两个不同的名词的方法有很多，所以，就不能保证哪种是对的、哪种会让人产生误解。问题的关键是，你自己如何看待催眠与沉思的关系，你是否认为它们是一样的。观点不同所做的定义自然也就不同了。催眠是一种注意范围被集中缩小的状态，在这种状态下，建议性和暗示性可以被极大地提高。要给沉思下定义就不那么简单了，因为沉思有很多种。如果你所指的沉思就是那种保持安静状态，口中念念有词，然后达到心无杂念、心如止水的境界的话，那么这种沉思与催眠之间既有相似之处，也有不同之时。可以肯定的是，这种沉思的方法有时可以帮助沉思者进入催眠状态。但是这两者之间最大的区别就是它们的目的不同。催眠不仅仅是为了保持思绪的宁静，更重要的是利用这种精神状态来将自己想要的外部建议和指令导入大脑的潜意识中去。沉思就不一样了，沉思者只是从大脑的自我平静状态中直接受益，它不像催眠那样可以得到自己想要的既定目标。沉思者只能通过不断的练习而振奋精神，保持平和的心态或得到某种满足感。除此之外，不能做任何像催眠可以做到的改变、完善。

此外，还有许多其他形式的沉思，其中有一种叫作"活动式沉思"。在这种形式的沉思中，你可以一边放松自己的身体，一边进入一种带有自己目的和想法的沉思状态。这种形式的沉思事实上是与广泛意义上的催眠是一样的。不同之处就在于它们用来进入状态的方法、技巧有所不同。

很多人会问"创造性想象"是否也可以被用来定义催眠，回答是肯定的。事实上，它也是属于催眠的一种形式。这种创造性想象曾被夏科特·岗卫广泛使用且风靡一时。他告诉人们应该先从头到脚地放松自己，然后再开始利用创造性想象来引导他们的大脑内部做出一些包括体内及体外的调整。这种放松总是能让人进入一种可建议性状态。而那些想象则是用来帮助创造或是支持你预期想要的结果。"创造性想象"的支持者没有把它的一些其他特征或群化关系定义为催眠，这是很明智的。为什么呢？因为虽然催眠术已经被广泛地传播，而且被接受认可有些年了，但是仍然有些人对"催眠"一词感到恐惧。

此外，还有一些学过大脑控制术的人，他们专门教别人如何进入一种大脑集中的状态——第一状态。"第一状态"是否与"催眠"是一回事？这主要取决于你如何定义它，以及你使用它的最终目的。当一个人进入了所谓"第一状态"后，他的身体开始放松，而这时他的大脑注意力很集中，比较容易接收或吸取新的信息，那么可以断定，这就是一种催眠状态。但是，催眠并不是总发生在"第一状态"。可以说，"第一状态"与"催眠"经常是重叠的，但不是同一个概念。

催眠术的原理

为了理解催眠的基本原理，将意识与潜意识正确区分开来是很重要的。

你是否曾经冥思苦想过，为什么要改变自己不希望有的态度和举动是如此的困难？例如，为什么你不能痛下决心戒掉吸烟的习惯、为什么不能将你爱吃的油炸面圈扔到一边……答案就在这里。有些人会说"是的，我一定会改变的"，而另一部分人则说"不可能，我一直都这样，改不过来"。由此可见，在我们的大脑里隐藏着两种不同的倾向，即同意或不同意某些东西被改变。

人们头脑中的每一个想法或意识至少存在着两种不同的倾向，我们把它们称为意识和潜意识。意识也可以被称为积极意识或既定意识，它包括了一个人当前所关注的领域。它促使你决定开始阅读这本书，它让你做出各种决定，比如早饭吃什么、给谁打电话，以及下班后去哪里等。

潜意识则是大脑中隐藏在人所关注的事情表面之下的一种功能性倾向。正是由于潜意识的作用，使你在还是一个初学者的时候，阅读本书每页的文字时会感到像是在破译密码一样痛苦。

潜意识同样会作用于你的身体。它知道如何在最短的时间里伤害你的心灵，如何让你对自己的早餐感到恶心，以及其他许多由于你没有给予适当的积极意识而引起的不良反应。有些潜意识早在你出生时就已经建立起来了，比如你的一些身体反应。潜意识的其他功能则是在你后期的学习阅读过程中，伴随着大脑意识的形成而悄然滋生的。潜意识在你的记忆系统里无孔不入，它禁锢着你所有的特性以及信念，不让它们被侵扰或改变，潜意识会让你持续地保持原有的、经常的行为模式。

不管你是否已经意识到，事实上意识和潜意识之间都是存在着信息传递的。比如说，当你想要看书时，意识就会传达信息给潜意识，以便于完成使用你的胳膊和手部的肌肉来翻书的动作。经过长期的锻炼，潜意识会针对意识经常使用的信息做出简单而迅速的回应，并通过准确的肌肉部位、运动方式和一些辅助措施来实现你的目标。通常情况下，潜意识是服从意识的指令

的，但有时情况会相反，因为潜意识会对意识做出的突然改变产生抵触。当你计划着改变自己曾经一贯的行为、信仰或者态度时，这种抵触作用就会表现得更加强烈。

大脑程序

在电脑程序员中流行着一句话——"垃圾进，垃圾出"。它的意思就是说，当你向电脑输入错误数据后，你一定会想方设法把它清除掉，使结果不至于那么糟糕。

在某些方面，人的大脑就好像一台复杂的电脑。人的思维模式以及一系列行为就好像安装在电脑里的既定程序一样。有些"程序"是你自己"安装"的。比如，当你第一次吃巧克力的时候，你非常喜欢它的味道和品质，于是你便开始经常吃巧克力，以至于养成了吃巧克力的规律性习惯。而其他一些"程序"则是由你的老师或父母"安装"的，例如，他们可能经常鼓励你去接触一些或新古典主义的艺术品，当你成年以后，你就会对这些古典艺术品非常欣赏，而且会去收藏它们。

同样，你身边的朋友也许从儿时起就开始影响你精神生活方面的习惯。就拿抽烟来说，当你的朋友第一次给你一支烟的时候，你会觉得非常不适应。但是慢慢地，你就会习惯抽烟时那种放松的感觉，从而接受了它。30年后，你仍然在抽烟，你的潜意识里已经习惯了抽烟时的感觉。这种"程序"已经深深地刻在了你的大脑里，尤其在你感到有压力的时候，它会显得格外活跃。就像计算机里的程序在接到正确指令后会被激活一样，当某种想法产生或者某一事件发生时，存在于你潜意识里的"程序"也就被激活了。这在你平时的学习中是很重要的，很多时候，有利于你发挥优势。然而，某一天，你可能会意识到你不再想要使用过去的那一套思维和行动方式；可能你想要把过去存在于你脑中的一些"垃圾"清除掉；抑或你想要在大脑中添加一些新的程序，比如一种新的态度或者行为。于是，你渴望改变编程的过程。

重新编程

修改、安装或者卸载计算机中的一个程序，相对来说比较简单，而要改变大脑中的程序就不那么简单了。

你的大脑就好像一个装有过滤和防御等安全系统的机器，这些过滤器专门用来扫描那些新的想法和行为，从而判断它们是否是你真正想要的东西。它将新的想法和信息与你现有的知识和信念做对比，由于这些新的东西与你大脑中的固有程序不兼容，所以要接受这些突然的改变，过程会很缓慢。改变程序的过程有助于使你的信仰、性格、感觉与现实更加协调，因为你的潜意识不具备识别能力。

所有想法、建议一经通过过滤系统，就被确认为正确指令。所以，安全系统不会轻易接受每一个建议而让你的想法变来变去。如果没有安全系统的保障，你将处于一种混乱状态。可以想象，没有了这些识别保障过程，你每天接受成千上万的信息，大脑将是多么混乱。你大脑中的安全系统有时可能会拒绝接受你想要的改变，甚至是一些发自你内心的想法。它可能阻止一些有益的想法进入你的大脑、融入你的生活。它之所以这么做，是因为它是根据过去的经历以及以前接受的信念。例如，很多吸烟者都会有一段时间觉得戒烟很难，因为他们已经接受了这样一种信念："戒烟非常不容易。"

有好多种方法可以被用来对付大脑中的安全系统，当然对比之下有些方法比其他的更为有效、可取。例如，有些人带着强烈的愿望去改变自己，他们不断地重复一个新的举动，以便让它变成一种习惯。当然很多时候，这种方法会受到阻挠和挫折，无功而返。由于你不断地做新的尝试，就会慢慢地制服或掩盖大脑中的安全系统，你的大脑内部就会接受这种新的做事方法，使它成为一种习惯。

另一种对付安全系统的方法就是使用坚定的信念。通过不断地重复你的信念，最终可能导致你想要的改变。通过几天、几周或者几个月的不断重复，你的大脑接受的信息快要达到饱和状态，它开始慢慢地确定你的信念为正确指令并且接受了它，从而给出你想要的结果。当然，这个改变的过程通常比较慢，而且会附带一些疑点，有时也可能被挫败。这是因为很多人既没有坚强的意志来强化自己的大脑接受新的信念和行为，也没有足够的耐心来天天重复自己的信念。幸运的是，这里还有一种更为简便的方法来对付你大脑中的安全系统。

利用催眠来解除你大脑中的安全系统

催眠其实是你用来改变自己的一种更为可取的方法。它可以通过解除或绕开你大脑中的安全系统而直接与大脑进行长时间的对话。在这种情况下，安全系统形同虚设，而大脑却可以立刻接受来自外界的诸如停止吸烟、保持食欲以及其他任何你想要大脑吸收的东西。你所提出的新建议就好像一套新的程序，催眠可以不经过层层检测和怀疑轻松地帮你将这个程序安装到大脑中。这种改变比之前提到的那些方法更快更简单。这就是催眠在改变自我方面会如此简单有效而且受人青睐的原因。

催眠的心灵状态与阶段

催眠的一个重要部分是恍惚状态。潜意识此时摆脱了有意识心灵判断能力的束缚，开始接受暗示。

首先，来看一下我们所经历的不同心灵状态。第一个是清醒时的 β 状态。在这种状态下，我们的大脑高度警惕，能够正常使用推理和逻辑。科学家们测量了不同状态下的大脑活动，并使用脑电图仪（EEG）对活动进行监控。在 β 状态下，脑电波的活动速度在每秒14～30周。

第二个心灵状态叫作 α 状态，此时脑电波活动速度为每秒8～13周，我们的心灵仍然处于警惕状态，但较为放松。我们在这种心灵状态下通常更具创造性，更容易接受新信息、发挥想象力。一些催眠学家认为，这一状态是从有意识心灵进入无意识心灵的门户。我们每天都会经历 α 状态，比如沉迷于电影中、马上要睡着或刚刚睡醒时。催眠学家认为，我们进入 α 状态时也就开始进入恍惚了。

第三个心灵状态是 θ 状态，此时脑电波活动速度为每秒4～8周。这一状态高度放松、平和、伴有睡梦。它有时被称为睡梦状态。当我们进入深度睡眠或刚从深度睡眠中苏醒时都会体验到 θ 状态。

最后是 δ 状态，脑电波活动速度少于每秒4周。这属于深度睡眠状态，心灵完全失去意识，催眠还不能达到这一状态。

需要指出的是，各个水平的脑电波并不严格地局限于某种特定心灵状态。比如，当我们处于 β 清醒状态时，大脑里仍然存在 α 或 θ 电波。以上4种状态是按照占主导地位的某种波长来划定的，它们对于催眠的意义在于——催

眠性恍惚发生于 α 和 θ 状态，就在这时，对无所不在的无意识心灵的暗示才不会受到有意识心灵判断能力的阻碍。当接受催眠的患者的判断官能开始退居二线时，暗示才能作用于无意识。

催眠恍惚经常被划分为6个不同阶段或深度，每一个阶段都伴随着催眠师诱导出的不同表现。催眠师懂得如何诱导并辨识这些不同程度的恍惚状态。

第一阶段：这一阶段伴随着瞌睡，放松开始，受催眠者开始"想睡觉"。其实，催眠并非睡眠，催眠师在这时使受催眠者出现第一次肌肉僵直。也就是说，受催眠者的一些肌肉开始变得沉重，受催眠者无法移动它们。首当其冲的通常是肌肉较少的眼睑。受催眠者的眼睛会紧紧闭上，并且感觉自己没有力气睁开双眼。

第二阶段：这个时候，受催眠者的某些肌肉组会出现僵直，比如一只胳膊。他们还可能会有沉重感或漂浮感。同第一阶段相比，这一阶段可以被看作是轻度恍惚。恍惚程度逐渐加深接近第三阶段时，则进入中度恍惚，这时，受催眠者的双腿甚至全身都会僵直。

第三阶段：在中度恍惚的第一层，受催眠者除了感到肌肉僵直外，味觉和嗅觉还可以被改变。这时，催眠师将一朵香气扑鼻的玫瑰放到受催眠者的鼻子下方，对其潜意识暗示说

它闻起来像只臭袜子，受催眠者的身体便会做出相应的反应。在这个水平上，催眠师还可以使受催眠者忽略一个数字的存在。例如，催眠师可以暗示说数字3不存在，那么当受催眠者从1数到5时会直接从2跳到4，把3漏掉。

第四阶段：随着中度恍惚的程度加深，催眠师可以诱导受催眠者出现健忘症——丧失记忆。这时可以加入后催眠暗示（关于受催眠者想要达到的习惯或行为变化）以确保受催眠者的有意识心灵不会阻碍无意识心灵发挥作用。其他现象包括部分肢体的感觉缺乏——麻木，以及痛觉丧失——无痛觉状态。

第五阶段：深度恍惚的第一层经常伴随着正性幻觉，即催眠师可以诱导受催眠者看到或听到不存在的事物或声音。例如，催眠师说一个空花瓶里放着某种花，那么受催眠者就能够对花进行描述。舞台催眠师在这时常常使用不平常的后催眠暗示，于是当受催眠者"醒来"时，他可能就会像鸭子一样嘎嘎叫或者像鸟一样扇动"翅膀"。

第六阶段：在这个程度最深的恍惚中，受催眠者会出现被麻醉现象，这时可以为他们做外科手术。另一个现象是负面幻觉，即受催眠者看不到或听不到实际存在的事物和声音。

上述6个阶段可以大致概括催眠症状，但受催眠者经历一些阶段的时间可能有所不同，而且不同个体之间的恍惚程度与行为举止也可能有很大差异。

催眠治疗师的大部分治疗工作可以在前3个阶段——较为轻度的恍惚状态中——进行。这3个阶段被称为记忆留存阶段，后3个深度恍惚阶段常常被称为失忆阶段。

催眠过程

诱导

如果恍惚是催眠的关键，那么使别人进入恍惚的能力就至关重要了，这一过程通常被叫作诱导。当我们自己进入恍惚状态时，比如做白日梦，无意识心灵的关注点是白日梦的对象。而当一个人引导另一个人进入恍惚状态时，受催眠者无意识心灵的关注点是催眠师或者其无意识心灵与催眠师进行沟通。催眠师与主体无意识心灵之间的这种关系就是亲和感。在催眠疗法中，建立二者之间的高度亲和感通常被认为对成功具有重要意义。催眠师和主体进行催眠前沟通的大部分目的就是帮助接受催眠的患者增进了解和信任感，从而增强亲和感。催眠师会通过沟通为每个特定主体设计恍惚诱导的最佳方式和最佳台词。

1.诱导的方法

★恍惚诱导

恍惚诱导的方法多种多样，它们在接近方式、时间长短和气氛上有所不同。它们是命令式的或允许式的。这里将探讨诱导的不同类型以及它们作用的方式。虽然诱导方式彼此完全不同，但它们都会产生以下结果：放松身体和精神；注意力集中；减少对外界环境和日常事务的注意；更强的内在感觉注意。

★固定诱导

固定诱导是将受催眠者的注意力集中在感兴趣的很小的一个点上，例如摆动的钟摆、墙上的一个点或一个蜡烛。当全神贯注在固定的一点上时，你的注意力会从外界景象和声音上直接被拉到目标上面。诱导需要几秒钟或二三十分钟，具体时间取决于你的暗示感受性。

使用此诱导，你要在一个舒适的位置上，并点上蜡烛，在它燃烧和闪烁时盯着火焰，全部的注意力都要集中在火焰。

诱导可以这样开始：看着火焰燃烧和闪烁，你的眼睛继续盯着火焰，全神贯注在火焰上。看着火焰闪烁，眼睛继续盯着。当你看着火焰燃烧时，你的眼睛会变得沉重、变得沉重，你的眼睛变得越来越沉重……越来越沉重……直到闭上。

★快速诱导

快速诱导会非常快地引起催眠状态。该诱导由简短、快速的命令组成：闭上你的眼睛；低下头，让你的下巴碰到胸部；胳膊举到肩膀的高度。当你的胳膊觉得很轻，好像漂浮的时候，你就进入催眠了。

该诱导在有很高的暗示感受性的人身上会成功，大多数人会觉得太突然、不能放松。快速诱导与催眠治疗的关系最为密切。进行示范的催眠师能给观众

一个暗示感受性测试快速确定其暗示感受性，然后他能用快速诱导对高敏感的人做出验证。在个人实践中，医生可能要与病人接触几次后才能确定他是高暗示感受性的。那么，在治疗这个人时，医生就可以用快速诱导以节省时间。

★间接诱导

间接诱导不同于其他方法，它不使用任何直接的方式，相反，诱导交流是通过类比、象征的方式。该催眠方法对那些抵制其他多种直接诱导方式的人尤为适用。原因很简单：一个人是很难去抵制、拒绝他并未意识到的暗示的。

在间接诱导中，如果催眠师治疗一个因压力而心律不齐的病人，那么催眠师会讲一些老式的水泵如何被强健的老农民使用，当农民规律地、有节奏地抽水，水泵是如何可靠并且良好地工作的。

如果医生在治疗一个有梦游症状的孩子，他可能会讲一个关于冬眠的熊的故事，述说熊对温暖、睡眠的需要，以及长久休息带给动物的愉快。对于难于融入集体当中的大孩子，他不参加集体活动、经常搞破坏，医生会讲述迁徙的鸟经常要排队飞行，它们如何一起迁移，鸟群中的每只鸟如何占据一个相等的位置。还可能集中讲述每只鸟保持相同节律和速度的方式，以便使鸟群作为一个整体和谐地、优美地迁徙。

米尔顿·埃瑞克森是一名隐喻学硕士，他成功地治疗了多种症状病人。在一个病例中，他曾面对一位过着隐喻生活的病人。这个年轻人用床单裹着自己，走向病房，声称是耶稣。埃瑞克森走向那个人说："我知道你曾是个木

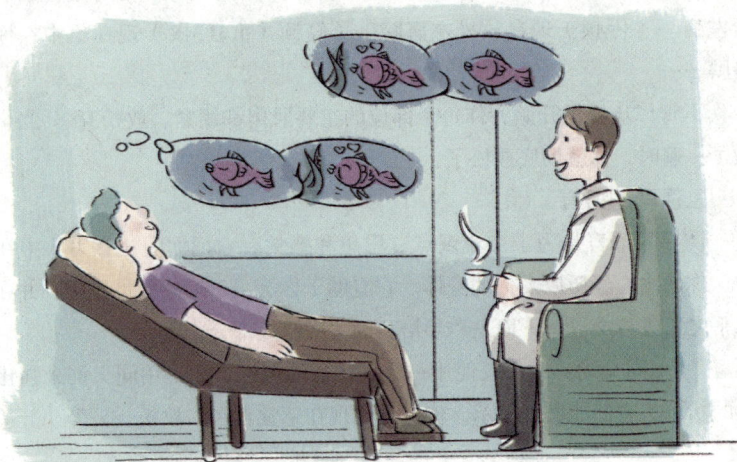

匠。"当这个病人回答"是"的时候，埃瑞克森让他完成一个项目。他让病人做一个书架。这是病人康复过程的重要一步。

米尔顿·埃瑞克森并没有直接说明年轻人不是耶稣，而是暗示他"曾是个木匠"，这样，米尔顿·埃瑞克森就间接地使年轻人在做书架的过程中转变了自己"是耶稣"的隐喻。

★放松诱导

放松诱导就是指自动放松身体的每块肌肉。放松过程可以从头开始向下进行，也可以从脚趾开始向上进行。这种方法在催眠他人或自我催眠时都可以使用。可以这样开始：深呼吸，闭上眼睛开始放松。只想着放松你身体从头到脚的每一块肌肉。

★改进的放松诱导

改进的放松诱导是为了满足那些难于放松的人的需要。它广泛用于压力控制，合并了身体和精神上的放松。与经典放松诱导所需的20~25分钟相比，该过程大约需要30~40分钟。

当人们需要放松身体某一特定部位，以减轻肩部、胸部、腿部或其他部位的慢性紧张状态时，这个诱导最为实用。改进的放松诱导能一次放松身体的主要肌肉，首先集中在紧张的颈部，然后是肩部、后背等。使用时，可以从头部开始，向下进行；也可以从脚开始，或从身体任何部位开始。改进的放松诱导可以这样开始：让你自己舒适一些。注意力集中在你的右肩膀、绷紧右肩。（停顿）现在放松右肩膀。（停顿并重复3次）注意力集中在你的左肩膀、绷紧左肩。（停顿）现在放松左肩膀。（停顿并重复3次）现在集中在你的右胳膊……

不管你从哪里开始，你每个部位的主要肌肉都绷紧、放松3次。当全身都做了一遍时，你就彻底放松了。

2.诱导的语言

诱导的语言是为了交流观点、思想和感觉。它把你的注意力集中在你自己、你的内心经历以及你的身体。它有助于你沉浸于幻想的世界中，并在意识水平之下进行交流。下面是诱导语言的关键组成部分。

（1）同义词：不仅仅使用一个描述性的词汇，而是用同义词来强化要描述的状态。它们能增强暗示，例如，你现在感觉自在、放松、平静、舒适等。

（2）解释性暗示：通过重复和解释暗示，加强理解、确保持续。例如，感到轻松流过你的身体、感到放松的温暖、放松身体的每块肌肉、感觉身体所有肌肉都放松。

（3）连接词：连接词有2个功能，保持语言流畅，防止独白被打断；进行一个指示。如"现在放松，并感觉所有肌肉都放松，然后深呼吸，并放松胳膊的所有肌肉，由于你已放松，感觉暖流流过你的身体"……在这个段落里，连接词"并"是反应的一个提示。

（4）指定时间：指定时间的词用于加强语气和强调。它们可提示暗示开始或结束的时间。例如，下面的任何提示都可以用来指示暗示的开始，"现在，就在此刻，放松你身体的全部紧张"；"马上，你会感到完全放松"；"早上，你会焕然一新、放松地醒来"。暗示的末尾可以有这样的信号，"2个小时后，你会停止学习，结束考前准备"。

3.诱导的声音

某些时候，你或许有对公共演讲者的演讲感到厌倦和麻木的经历，无论你如何努力都不能集中注意力。你不断地将自己拉回到所处的情形，并强迫自己仔细听每一个词。但是，事与愿违的是，你的思路还是漂移了。你的思路漂移是因为演讲者的声音将你带入一个恍惚的状态。事实上，某些人声音的语调、音量和其缺乏变化的特性，使它们具有很高的催眠性。

由于声音本身就可以诱导恍惚状态，所以你用来诱导催眠的声音对于你整个的催眠经历是至关重要的。声音可以是强迫性和指令性的，也可以是舒适美妙的。在你录下自己的诱导之前，仔细看一下以下催眠声音的特征。

基本诱导的声音主要是两种类型：单调的和有节奏的。

单调的声音使你的注意力本身变得集中，因为没有其他任何干扰或转移注意力的因素。单调的声音无论是在程度还是音量上都是没有变化的。它一直嗡嗡响："你将继续放松，现在放松你前额的所有肌肉，感受肌肉的平滑，平滑并且放松，休息你的眼睛。"

有节奏的或者歌舞会的声音使你平静，麻痹你，使你进入恍惚状态。用这种声音，可以预见句子中的重音。它们设定了一种舒适、温柔和可预料的节奏模式。例如，"……再深入，再深入，再深入，直到完全放松……"或者"现在你正放松你背部的所有肌肉"。

在这基本交流中，还有其他重要的因素。它们在整个诱导过程中不常用，并且零散分布于或是单调的，或是有节奏的基本声音中。这些因素包括：

（1）为了强调和加强的字词扭曲。有时候，为了达到特定的语气效果，将字词扭曲。例如，"感受那些肌肉的松……弛和放松，感受小腿肌肉的松……弛和放松，它们松……弛得像橡皮带"。在改进的放松诱导时，你很难放松和感到舒适的情况下，这些字词的扭曲特别有用。

（2）音调的提高。声音变化的水平随音调的提高而变化。这种在单调或节奏性声音中产生的渗透情绪放松状态的语调是用.作提示的。语调提升是为了强调催眠后的暗示，如"现在你将停止吸烟！"它也用作给出从诱导中醒来的命令，如"七，八，九，十，睁开眼睛，恢复过来，感觉好极了！"

（3）不间断的节奏。这种不间断的节奏是通过使用连接建立起来的。连续的语言引导你沿着诱导的方向前进。例如，"感觉你自己放松，继续放松，更深入地放松，感觉你整个身体在越来越放松……"这种不间断的话形成一种节奏，带你进入到一种恍惚状态，停止任何干扰，让你的注意力没有任何机会被转移。

（4）无声的停顿。为了使你有一个反应提示或指令的时间，诱导者使用了无声的停顿。例如，"现在，深呼吸，（停顿）现在呼气。（停顿）"这种停顿也用于改进的放松诱导中。"注意你的右脚，绷紧你的右脚，（停顿）现在放松你的右脚。（停顿）"给每一个反应以足够的时间是完全必要的。否则，你将感觉到着急或匆忙，从而放松也是不可能的。

4.诱导的步骤

在诱导之前，一般要对受施者进行暗示感受性测试，目的是测试他对暗示的接受和反应能力。暗示感受性越强，就越容易接受催眠。强烈的反应并不是说你会接受改变你行为的那些暗示，它只是意味着你是一个很好的接受者——一位好的接受者是成功的催眠治疗的第一步。

★僵硬手臂练习

确保你处于完全舒适的状态。伸展你的腿和胳膊，现在开始放松。闭上眼睛，深呼吸……呼气……放松。完全放松。放松你的腿，背向下，放松肩。放松你的肩、胳膊、脖子和脸。放松整个身体，就是放松。然后再深呼吸……呼气……释放，放松。注意你呼吸的节奏。随着呼吸的节奏开始涨落，当你吸气时，放松你的呼吸，开始感觉你身体的漂流并淹没在放松过程当中。你周围的声音不再重要，忽略它们，放松。让你全身从头顶到脚趾的每一块肌肉都彻底放松。在你轻轻吸气时，放松。呼气时，释放任何紧张，包括身体的、精神的和思想的紧张。

现在举起你的一只胳膊，伸直。握拳，并且要握紧，拳头握紧，现在你的胳膊变得僵直，变得非常非常僵直。你的胳膊僵直，非常非常僵直。你的整个胳膊从肩膀到拳头都很僵直了。你的胳膊又直又硬，不会弯曲。你试着弯胳膊，胳膊却更僵直。你僵直的胳膊不动，伸直，不能被移动，没有什么能移动你的胳膊，它从肩膀到拳头都完全僵直，完全僵直。你的胳膊完全僵直。现在要从五数到一。当说"五"的时候你开始放松胳膊，你听到每个数时，要越来越放松你的胳膊，当说"一"的时候，你的胳膊要在你的身旁彻底放松。"五"……开始放松胳膊……"四"……感到你的胳膊放松……"三"……放松……"二"……"一"。你的胳膊完全放松了。

你的反应程度说明了你的暗示感受性。如果你的胳膊变得僵直，并在开始数五之前都保持僵直，那么你是一个容易受暗示影响的人。

★提桶练习

（重复僵直手臂练习的第一段，进行放松。）在你的面前伸开2只胳膊，与肩平齐。想象你每只手都提着1个桶，手指卷曲绕在水桶的手柄上，握2个桶。左手的桶是由纸做成的，由纸做。它是空的，感觉非常轻，左手的桶非常轻、非常轻，因为它是纸做的。左手提着轻的桶。右手的桶是铁做成的，是由很重、很重的铁做成的，桶里面有些石头。当你提着重铁桶时，越来越多的石头被扔进桶里，直到桶被完全填满。桶里完全装满石头，石头堆到了桶顶。桶太重了，把你的右胳膊向下拉。装着石头的桶把你的胳膊向下拉，你的胳膊向下，因为铁桶太重了，太重了。

在这项练习中，你的胳膊会从它在肩膀所处的初始

位置移动一定的距离。左右手之间的距离会越来越大，你越容易受暗示影响。

★手部握紧练习

（重复僵直手臂练习的第一段，进行放松。）在你前面紧握双手，把双手握得很紧，双手握得很紧。在你紧握双手时，想象你的手上沾着非常粘的胶水，胶水开始变干，牢牢的、紧紧的。胶水变干让你的双手粘在一起，你的手紧紧粘在一起。你的手好像不再是两只分开的手了，它们是一只。你的手指和手掌牢牢地、紧紧地粘了一起，非常牢固、紧密。你试验看看胶水把手粘得有多紧，发现你的手、手掌、手指是被粘在了一起。它们粘在一起。它们如此紧密地粘在一起，好像一只手。它们被非常、非常紧地粘在了一起，感觉像一只手。数3下你也不能把手分开。你越用力将手分开，它们就粘得越紧。你每次听到一个数字，它们就粘得更紧。

5.诱导的过程

★开始诱导

深吸一口气，闭上眼睛，开始放松。只想着放松你身体的每一块肌肉……当你将注意力集中到呼吸和内在感觉的时候，对外界环境的感知力将降低。通过深呼吸，你开始意识到内在的感觉，引导你的身体放松。结果是你的脉搏减慢，呼吸减慢。你开始集中，将你的注意力转移到所给你的指示上。

★身体的系统放松

开始放松你脸部的肌肉，特别是颌部的肌肉，牙齿分开一点使它放松……当你集中放松身体每块肌肉的时候，你将进一步放松。你将更注意到内部功能，对感觉的感受性增加。

★建立深度放松的想象

漂向完全放松的越来越深的境界。感觉到一个很重、很重的东西吊起你的肩膀……漂向越来越深的想象有助于你进入更深的催眠状态。当"重物"吊起你的肩膀时，你肩膀的紧张就释放了。你身体感觉到的任何不同都证明了变化暗示正在发生。

建立轻盈的感觉，要使用下面的想象。你感觉越来越轻，漂浮越来越高，进入放松的舒适状态。诱导中指定的向上或是向下的方向是无关紧要的，只要它能给你带来身体感觉的变化即可。

★加深催眠

想象一个美丽的阶梯，共有10阶，这10个阶梯把你带到一个特别的、平静的、美丽的地方。马上开始从10向后数到1，你想象着从阶梯走下，每走一个阶梯，你感觉身体越来越放松，每下一个阶梯，就更加放松，10，更加放松。9……8……7……6……5……4……3……2……1……更放松，更放松……为了进一步加深催眠状态，数数通常是从10数到1。加深催眠时，从10向后数到1；返回到完全的意识状态时，从1向前数到10。

虽然上面用了阶梯的想象，为了增强你向下的感觉，你可以用任何你喜欢的想象去代替。或许你想用电梯下降10层的想象，如下所示：你在一个电梯里面，感觉到自己开始下降。当你看着楼层数字通过，你看着数字10……现在是9……

这时，你的四肢开始发软或僵直。你的注意力开始集中，你的暗示感受性增强。你也会经历一个强烈的想象力增强的过程。周围环境停滞了。

★特别的地点

现在想象你在一个平静的、特别的地点。你可以想象这个特别地点，你甚至能感觉到它。你一个人在那里，你独自一人，没有人打扰你。这是世界上适于你的最平静的地方。

你所选择的特别地点，对于你以及你的经历都应该是独特的。可以是你真实参观的地方或者是你想象的。这个地点不必是真实的。你可以坐在漂浮在平静海面上的一个巨大蓝色枕头上，你也可以在悬挂在太空中的吊床上伸着

懒腰，你还可以在云彩中央。你的特别地点必须是你能独处、并能对你产生积极感觉的地方。在这个特别地方，你会增强对进一步暗示的接受能力。也就是说，一旦产生了平静的感觉，你会对想象做出反应，这能加深催眠后的暗示。

★总结诱导

在特别地点再享受一会儿，然后开始从1数到10，你开始恢复完全意识，好像休息了很长时间而精神振奋。现在开始恢复，1……2……上来……3……4……5……6……7……8……9……10。睁开你的眼睛，完全回来，感觉好极了，非常好。

完成诱导，要暗示一种舒适的感觉，避免突然返回，否则会引起睡意或头痛。你应该感觉放松、精神振奋。你可以四处走走，确定完全清醒了，并祝贺自己做得好。

暗示

从学术上讲，暗示是一种信仰或行动的建议，可以没有干扰、没有挑剔地被接受。换句话说，当你被催眠，在放松状态时，比起你在完全清醒时的意识状态，你的潜意识主要对暗示做出反应。暗示经过一个直接的通道到达潜意识，在那里它很容易被相信、改变行为、产生影响。

下面是一些通过使用暗示能够实现的目标：

目标	暗示
加深催眠	放松，随着你的呼吸，让你的精神和身体更加放松
改变情绪	感觉你的胳膊越来越沉……感觉你的愤怒消失……
改变行为	你现在是不抽烟的人了，你不想抽烟……
产生幻想	想象你在一片野生的、绿色的宁静草地上……

暗示主要分为以下几个种类：

1.按性质划分

失败的人生都是由于消极的暗示造成的。消极的暗示包括给自己胡乱贴标签、一些负面的口头禅、侮辱性的外号及周围人的负面评价等。通常来讲，我们是不提倡使用消极暗示的，但是在确有必要的情况下，例如进行改变行为习惯时，也会使用诸如厌恶疗法等带有强烈负面暗示性信息的技术。

积极的暗示是成功的人生必不可少的元素。人们在成长过程中，总会遇到各种各样的挫折、伤害、哀愁等，这些很容易导致我们消极的思维。因此，能始终保持积极的生活态度的人总是占极少数的。

2.按来源划分

其实，从根本上而言，一切暗示都是自我暗示，也就是说只有被自我接受才能产生效力。环境暗示又可以分为他人暗示与周围事物暗示。环境暗示的最大好处就是当事人无法对其进行否定，能够或者说只能自然而然的接受。

3.按方向划分

反向暗示的力量是正向暗示力量的数倍。需要特别注意的是，涉及安全以及情绪方面的正向暗示，实际上是一种隐性的反向暗示。比如"我要睡觉"，睡觉是生理安全性问题，同时有些许的情绪因素。越是暗示自己睡觉，反而越睡不着。

4.按逻辑性划分

直接暗示是指以说服教育的方式，强迫当事人接受，容易引起当事人的质疑和反抗，这实际上是明示；间接暗示是指借助于某种方式，采取比较隐晦、含蓄的手段，在不知不觉中改变当事人的思维和行为，这也是真正意义上的暗示。

5.按受暗示者的状态划分

清醒暗示：指人们的在意识状态很清醒的情况下接受外界或他人的情绪、愿望、观念、判断、态度等的影响，暗示受催眠者可以进入催眠状态。例如，在催眠前使用的："相信自己的能力，相信自己将会成功地进入一个无比放松、无比舒适的状态。"

催眠中暗示：指在不同程度的催眠状态下，催眠师给予受催眠者相应的暗示，让受催眠者的心理、生理和行为产生变化。利用这类暗示深化受催眠者的催眠状态。例如，在催眠过程中使用的："好，现在请你慢慢地放下你的手臂，你的手臂每下降一点，你都会感觉更加放松，更加舒适，直到你的手臂完全放下，你就会进入前所未有的放松状态，这个时候你就会感觉全身都很轻松……"

催眠后暗示：指在催眠过程中，催眠操作者给予的那些让受催眠者在催眠唤醒后、意识清醒状态下发生影响的暗示。例如，"好，现在慢慢地告别……暂时告别这片绿色的草地，当你想要回来时，你随时都可以回来……"
和"在下一次的催眠中，你会更深地进入放松状态……"就是催眠后暗示，前者可以使受催眠者在生活中很快地放松下来，而后者则能够使受催眠者在下一次的治疗中更容易进入催眠状态，取得更好的催眠效果。

6.按照暗示的功能划分

现实指令暗示：按照现实状况，直接指示受催眠者该怎样做或者做什么。例如在催眠中所使用的："把你的手松开时，你就会感觉到全身的肌肉在随之放松……你会感觉到全身的肌肉在随之放松……"

意念动作性暗示：暗示受催眠者集中注意力默想一个动作，由此引发出现实外的动作。例如："集中注意力，想象你的手臂在不断地向下沉……向下沉……向下沉……"

反应抑制性暗示：使用某种暗示使受催眠者对后面的一些指令不能做出反应。例如："当我数到1的时候，你会发现你的左手臂想举也举不起来了，你会发现你的左手臂想举也举不起来了……试着举一下你的左手臂，你会发现你的左手臂想举也举不起来了……"

以上是常见的催眠暗示分类法。其实催眠中暗示的运用，并不像人们认为的那样简单，暗示语言种类的选择以及层次性编排都是经过仔细推敲的。一般人会认为，可以借助催眠状态下当事人潜意识开放，信息的接受能力大大加强，采取直接而积极的暗示，实际上并非如此。

在催眠过程中，催眠师会根据实际需要，采取数种暗示的交集，以获得最佳的暗示组织模式，从而取得最高、最强的暗示效果。

唤醒

一旦催眠师做出了治疗暗示，达成了催眠目的，最后的任务就是将主体带出恍惚，回到正常意识。传统方法是，催眠师告诉受催眠者他会在某个时刻打一下响指，将受催眠者带离恍惚引入清醒状态。这种表演气息浓厚的技巧现在仍然被一些舞台催眠师采用，因为它显得更加戏剧化。不过很多催眠治疗师认为这种方法太突然了。我们都有过类似体验——白日梦或睡眠突然被打断会使我们受到惊吓。一种更为常用的方法是，催眠师告诉受催眠者他要慢慢地从10往前倒数，他一边数，受催眠者一边感到自己正慢慢地脱离恍惚状态，等到催眠师数到最后的时候，受催眠者就已经完全清醒了。一些催眠师把这一过程变得更加温柔，他们告诉受催眠者会自然而然地进入清醒状态，其目的在于尽可能地使这一过程平稳自然。有时如果有背景音乐，催眠师可以引导受催眠者在音乐停止时从恍惚中醒来。

接受催眠的人在疗程过后能够记起催眠过程，除非在恍惚中接受了遗忘暗示。他们经常会在催眠过后感到放松或者感觉很健康，但却没有其他任何具体迹象告诉他们"被催眠"过。他们有时会感觉自己"昏睡"了几个小时，而不是只有几分钟，这是因为催眠可以影响我们的时间感。有些人会感到精神振作，就好像是刚刚很香甜地睡了一大觉——许多人都说自己在催眠过后睡眠质量大大提高。不过也有一些人坚持认为自己从来没有进入过恍惚状态，即使催眠师告知他们确实被催眠过。

人们的反应会各种各样。催眠学家指出，恍惚诱导是一种没有任何副作用的完全自然的过程，但是，受催眠者最好是在疗程结束、面对外界的喧嚣之前小憩几分钟，就好比是从深度睡眠中醒来要休息片刻一样。

催眠不可思议的作用

催眠为什么可以产生神奇的作用

催眠对我们的生活起着不可思议的作用，很多接触过催眠治疗的人都惊叹于它的神奇。

其实，催眠被运用于治疗已有多年的历史了。而在现代医学中，催眠不仅可以有效地帮助我们放松身体，缓解压力，戒除不良嗜好，纠正不恰当的行为习惯，还可以帮助我们增强自信，增进自我觉察能力。催眠还可以帮助我们解决心理冲突，治疗身心疾病。此外还能增强我们的记忆力，提高学习和工作效率。

如此看来，催眠真的具有很多神奇的作用，那么，这些神奇的作用到底是如何产生的呢？

一般人在催眠状态下会更加容易进入潜意识领域，潜意识类似一台电脑，它将我们的五官感觉到的东西储存起来，并且具有更强大而持久的威力。

实践证明，积极、正面的心理能够调整并纠正被扰乱和被破坏的身心状态与行为模式，催眠治疗也正是利用人们的受暗示性，通过不同的暗示引导人们进入一种放松的状态，并且使人们在这种状态中产生较为深刻的心理状态变化，从而使某些症状减轻或消失，使疾病明显好转。

那么，催眠术又是怎样帮助我们放松身体、缓解压力的呢？

其实，当人们进入催眠状态的时候，身体的感觉或者行为的一部分会从意识当中分离出去，从而在无意识当中进行记忆并发挥作用，所以非常易于接受某种心理暗示。特别是人们感觉到有压力的时候，身体的肌肉和精神是呈紧张状态的，使用催眠技术可以让我们迅速进入放松状态，身心愉快，达到缓解压力的目的。

催眠术除了可以帮助我们治疗身体疾病，缓解自身压力外，在治疗心理疾病方面也有着非常神奇的作用。催眠技术可以与精神分析、认知行为治疗、家庭治疗等各种心理治疗的理论及技术相结合，对焦虑症、强迫症、恐惧症等各种心理障碍及睡眠障碍、紧张性头痛等各种身心疾病起到很好的治疗效果。

综上所述，催眠术在我们的生活中发挥着非常重要的作用，对于身心疾病的治疗、压力的缓解等都有着很神奇的功效。如果能将催眠术普及于大众，必将使我们的生活更加美好。

催眠能让人忘记失恋的痛苦

爱情是这个世界上最美好、最动人的感情，痴男怨女们为了心中神圣的爱情而爱得死去活来，两个人在一起不合适，一方理智地要分开，另一方却肝肠寸断、痛不欲生……

也许，很多人都有失恋的经历。从心理角度来看，失恋可以说是人生中最严重的挫折之一。所以常常有人会问催眠师："我失恋了，现在痛彻心扉、伤心欲绝、生不如死，催眠可不可以让我忘记这些痛苦和伤心？可不可以将这段感情忘记得干干净净？"

在深度催眠状态下，催眠师的确可以下指令让你忘却某些记忆，产生所谓的失忆现象。而且，这也是一种可以逆转的机制，失去的记忆并不是被抹除了，只是被放到了潜意识更深之处，暂时不去提取而已，如果日后有需要还是可以再下指令唤回来的。

然而，一个有职业道德的催眠师是不希望这样做的。因为失恋的痛苦是不应该这样处理的。治疗师会希望个案从这些悲伤、痛苦的经历中蜕变和成长，学习到新的智慧。只要受催眠者愿意探索，这些痛苦的经历也能带来正面的、积极的、喜悦的启发。

如果失恋的痛苦确实非常大，超越了个案所能承受的极限，这时，催眠师可以适度地暗示对方："你的潜意识是非常有智慧的，你的潜意识知道怎么样对你最好、最有利，等一下当我从一数到十的时候，如果有一些记忆适合遗忘的话，潜意识就会帮助你遗忘掉，等你结束催眠的时候，你就会觉得整个人变得非常轻松、非常舒适，你只会记得你需要记得的记忆……"一段时间之后，催眠师觉得时机成熟时，可以再打开那些封锁的记忆，做进一步的分析与处理。

因此，遇到失恋的情况，正确的处理方法是通过催眠师的帮助，重新回到那段痛苦、悲伤、挫折的经历当中，重新认识之前发生的事情，将痛苦、悲伤、挫折的情绪发泄出来，重新接纳、演绎并能超越这些消极的情绪。虽说是要迎接这痛苦，但是转化痛苦为智慧，即便是以后再次面对它，也能做到心平气和，并且感谢它使自己变得更加坚强，感谢它给自己带来成长的启迪。

催眠可以使忘却的记忆重现

记忆是大脑系统活动的过程，人的记忆一般可分为识记、保持和重现三个阶段。记忆重现指在人们需要的时候，能把已识记过的材料或者信息从大脑里重新分辨并提取出来的过程。

有些人利用催眠来犯罪，而警察也是可以运用催眠来破案的。利用催眠进行犯罪的例子有很多，利用催眠进行破案的例子也有太多。例如，警察局在侦破一个系列抢劫杀人案时，在催眠师的帮助下，对证人进行了催眠，使证人重新回忆，引导证人说出犯罪嫌疑人的相貌及身体特征，然后据此画出了犯罪嫌疑人的肖像，成功地侦破了案件。

有这样一个案例：在一个阳光温暖的下午，商场门前车水马龙，人来人往。这时，一位20岁出头的女子提着包，急匆匆地走上商场的台阶，准备进入商场购物。突然，一声枪响，现场变得一片混乱，伴随着一阵阵惊慌失措的呼叫，人们惊恐万分地四散奔跑。当这个年轻女子从惊恐中回过神来时，发现她面前有一位老先生躺在了血泊中。

警察闻声立即赶到了现场，但是，凶手已经逃之夭夭。作为现场的目击证人，年轻女子必须到警察局作证，但是，她却怎么也说不清楚事情的来龙去脉。因为她当时只想赶紧进入商场买东西而没有其他任何的杂念。直到突然听到了枪声，她只见人们慌乱地四处奔逃。究竟是谁开的枪，她根本就无从回忆，警察因此感到很棘手。

后来，警察局找来了催眠师帮忙。催眠师在了解情况之后对调查人员说，目击证人由于极度惊慌、恐惧，在大脑中就很难形成犯罪嫌疑人的肖像，但是在心灵深处，却清晰地留下了犯罪嫌疑人的信息。这就需要对证人进行催眠，激活她的记忆。得到当事人的允许以后，催眠师对这位年轻女子进行催眠，以使她回忆起当时案发的情景。这位年轻女子被安置在催眠椅上，接受催眠师的催眠。

催眠师对她进行暗示诱导：

"你从马路那边一直走过来，是想去买东西吗？"

"是的，我想要去买一些衣服。"她不假思索地回答。

"你是不是去商场买衣服？"

"是的。"

催眠师继续暗示她：

"你现在正从马路那边一直走过来，往商场走去，你已经踏上了商场的台阶。商场入口处人非常多，非常拥挤？"

"是的，人非常多，很拥挤。"年轻女子回答。

"你看一看你前面的人，他们都是什么样的人？"

被催眠的女子接受催眠师暗示之后，抬头向前看。停留了片刻，回答说：

"什么样的人都有，小孩儿、老先生、老太太，可是，这些人我一个也不认识。"

"那你见到一位穿黑色大衣的老先生吗？"

她稍微迟疑了一下，摇摇头说："我没看见。"

"你肯定能看见他，你再仔细找一找。"催眠师提示她说。

她又向前仔细地观望，然后激动地回答说："啊！是的，我看见了，他正从商场里走出来，走得很匆忙，看上去非常慌张的样子。"

"后面有人跟踪她吗？"

她又引颈向前放眼搜寻，回答道：

"是的，有。一个戴帽子的男人，但是他的帽子压得非常低。"

"那个男人大概有多大？"

"应该有30岁吧。"

"那他的脸上有什么明显的特征吗？"

"长方脸，嘴角好像有一个黑痣。"

"之后他做什么？"

"他走到了老先生身边……"

被催眠的年轻女子突然失声惊叫起来："啊！是他，就是他！他从口袋里掏出了一把手枪，把那个老先生打死了！"

"然后那个男人往哪里跑了？"

"他用手压了压帽子，飞快地跑进了商场里去，一直都没有回头！"

在被催眠状态中，这位年轻女子回忆起了她当时的所见所闻，提供了凶犯的相貌特征。警察局根据她提供的特征，很快就抓获了凶犯。

催眠除了使目击者的记忆重现以外，还可以让很多有心理困扰和心理阴影的人找回自信，重新回到正常工作与生活的状态中，相信催眠术的研究工作在不久的将来也会有更大的发展。

催眠可以促发"无中生有"的生理效应

催眠不是气功，不是宗教，更不是魔术，而是一种全身心放松的方法，主要针对的是心理调整，是心理医护人员治疗心理疾病的重要手段。

使人忘记失恋的痛苦、使忘却的记忆重现，这只是催眠的诸多神奇效果中的两个。在催眠学界，较多地为人们所谈论的是催眠另一种奇特的作用——促发"无中生有"的生理效应。催眠师只需要对受催眠者做一个特定的暗示，而不用对其进行真实的刺激物作用，就能够使受催眠者不仅在主观上产生一定的心理体验，而且生理上也会产生出相应的效应。

在催眠术中，最为著名的就是"人桥"事件，所谓"人桥"就是通过催眠将人弄得像块钢板，横架在两把椅子之间，让中间悬空，人躺在上面，而且到一定的时候腹部可以站人。这种奇特的现象，一定会令很多人惊叹不已。当然，这也是一种极端的催眠现象，正是有了这种奇特的生理效应，才显示出催眠术的神奇效果！

现在大家已经都知道，在催眠状态中，只要催眠师发出指令，受催眠者就能够按照其指令行动，完全遵从，丝毫不差。"人工记印实验"是人们所共知的由催眠直接造成生理变化的著名例证。

实验是这样进行的：首先，催眠师取出一块大拇指指盖大小的湿纸片，然后贴在受催眠者的额头或手背的皮肤上。催眠师在使受催眠者进入催眠状态之后，就下指令暗示他，在贴纸的地方会有发热的感觉。受催眠者集中注意去体验这种发热的感觉，过了一段时间之后，催眠师揭去那块发湿的纸片，人们发现受催眠者被贴上纸片的这块皮肤果然已经发红了。更有甚者，如果催眠师用一枚硬币或一块金属片贴在受催眠者的手臂上，并暗示他

说，硬币或金属片是发烫的，他的皮肤很快会被烫得起水泡。在片刻以后，受催眠者被硬币或金属片所覆盖的皮肤果真起了水泡，与真实情况中的烫伤别无二致。

在另一个催眠实例中，催眠师递给受催眠者一杯白开水，请他喝下，同时还暗示他："这是一杯糖水，里面放了很多糖，所以非常甜。"受催眠者喝下白开水之后，很高兴地说："这杯糖水的确非常甜。"如果催眠的效果仅此而已，似乎倒也并不显得有多么神奇。不过令人惊异的并不是受催眠者在主观心理上觉得这是一杯糖开水，觉得喝下去非常甜，而是受催眠者在生理上产生了变化。人们对被催眠者进行了抽血化验，惊奇地发现受催眠者血液中的含糖量大大增高了。显而易见，催眠师的这个暗示，不仅引起了受催眠者在心理上发生了变化，同时，也造成了其生理上的变化。这种生理上的变化只有当事人才能够体会得到，而普通的旁观者则很难感受得到。

实际上，使人产生幻觉的催眠现象也是屡见不鲜的。通常，在催眠状态中，催眠师可以通过各种暗示，使受催眠者把不存在的东西看成是存在的，产生各种各样的幻觉。法国的催眠大师贝恩海姆曾经做过这样一个催眠实验：在使一名受催眠者进入催眠状态之后，贝恩海姆便暗示他说，在床上坐着一位女士，她手中拿着一篮杨梅要送给他吃，当他醒过来以后，可以走到床前向她握手道谢，并接过杨梅吃下去。这位受催眠者醒来之后，果然走到空无一人的床前，煞有介事地向实际并不存在的女士说道："谢谢你，太太。"并做出握手状，然后接过幻想中的那一篮杨梅，津津有味地吃了起来，边吃边感叹杨梅的甘甜。

催眠暗示甚至可以使受催眠者陷入"人工假死"的状态，即出现一切自然死亡的特征，如呼吸中断、心跳脉搏停止等。可见，与使人忘记失恋的痛苦、使忘却的记忆重现等效果一样，催眠的这种"无中生有"的效应，同样令人咋舌。

催眠术作为一门高新技术，不可滥用，一旦违规使用，其危害性是不可估计的。所以和克隆技术、异类移植等技术一样，催眠术的研究和应用将会受到严格的限制和管理。

催眠可以激发特异功能

催眠真的可以开发出人的内在潜力，并赋予人新的力量吗？特异功能真的存在吗？人们常说的特异功能其实是人类潜在能量的一种体现，它的研究对象主要可以归为两类：一类是认识上的超常现象，称为"超感官知觉"；一类是意念直接作用于外界事物，称为"心灵致动"。特异功能的具体内容很庞杂，例如遥视、透视、预知、思维传感、意念移物、意念治疗、灵魂出窍、附体重生、幻影续存等。特异功能以人的冥想为基础，能量化人的心智，程序化人的生活，物质化人的梦想。

特异功能是无法被证伪的一种现象，也就是说，它的正确与否，暂时不能通过科学的方法进行验证，现在科学对特异功能还不能给出一个合理、完善的解释。特异功能在魔术表演时可以看到。那么，在生活中，一般的人能被催眠激发出特异功能吗？

关于这一点，虽然有许多立论严谨的专家及学者都有着一致的意见：没有足够的证据能够证明催眠可以激发特异功能。但是，催眠师给出的答案却是肯定的。他们都认为，催眠可以引导人将自己的意识状态调整到不同的频道，如果刻意地转到特异功能的频道，那么特异功能就自然而然的出来了。但问题的关键是，催眠师有必要这样做吗？这样做，对当事人有益吗？就好像一些一夜暴富的人，后来反而被那骤得的巨大财富给毁了一样，人们对于上天赋予的特殊的功能，往往会很难接受，或者是很难从容地驾驭，突然而来的特异功能，对于人们来讲不见得是一件好事情。所以，为了生活的平静，还是回到平常状态比较好。

还有的人在激发特异功能之后可以"看"到远方发生的事情，也可以穿透障碍物看到内部的东西，还有的人可以感觉得到别人的思维，也有的人可以预知未来数小时或几天内会发生的事情等。人所用过的物品或者碰触到其本人，就能说出这个人过去所经历的事。还有一种类型的特异功能——产生、发放能量操控外界事物。这种能力包括以意念使物件移动、种子发芽的念力，使物体从封闭的容器穿壁而出的"空间移转"能力等。

如果有人在进行催眠治疗的过程中，因为解除了某些内在的情结，而打通了某些淤积的能量，意外地开启了自己的特异功能，那么，催眠师也会认为这是自然发生的，可以接受的。毕竟化繁为简，顺乎天然才是使用催眠术的最高境界。

从修行的角度来看，古往今来许多大师也都曾经指出，悟道之后，神通就自然显现，而在没有悟道之前，如果神通跑出来了，也以不用为上，否则，神通反而会成为障道的逆缘。所以，催眠师一般也不希望把人的特异功能牵引出来，而希望人是平凡的。

对催眠术的一些疑问

催眠是不是"让人睡觉"

由于种种原因，很多人对催眠都存在着不同程度的误解和疑问。没有接受过催眠的人都很想搞清楚催眠是不是让人睡觉，"催眠"一词是否存在着消极的含义。大家也都想知道催眠是否有害，是不是一种大脑的控制，被催眠后的感受怎样，催眠以后的状态和平时有什么区别，等等。

在关于催眠术的诸多疑问中，第一个当是催眠是不是"让人睡觉"。很多人一提到催眠通常就会望文生义，催眠，催眠，不就是催人入眠、催人睡眠吗？其实，这不仅在普通大众眼里经常有人这么想，就连医学界、心理学界也常有人这么认为。一些受催眠者在经过催眠治疗过后，会对催眠师说："您催眠的时候，我并没有睡着啊，您说的每一句话我都能听到，周围人说的话我也能听得到……"那么，催眠到底是不是让人睡觉呢？如果是的话为什么还会有这种清醒的状况呢？如果不是那为什么醒来以后会如此轻松自在呢？

其实，催眠和睡眠完全是两回事，睡眠是人对整个环境和自身知觉的一种高度抑制，而在催眠状态下，受催眠者对于周围的反应则是被抑制的部分抑制得更深，而被唤起注意的部分比平时还要注意力集中。事实上，在催眠状态下，受催眠者甚至比平时更清醒，更不用说比睡觉时候了！睡觉的时候人的大脑处于休眠的状态，中途还会做梦，而催眠的时候就不会有这种情况发生。

那么催眠和睡眠到底有哪些区别呢？

（1）催眠和睡觉的性质是不同的，催眠是一种技术，目的是要对受催眠者进行催眠治疗，而睡眠并没有这种目的，睡眠是只一种单纯休养生息。

（2）催眠属于心理和生理的范畴，而睡眠则属于生理的范畴，是生命活动所必需的。催眠可以消除精神上的痛苦，可以促进、帮助人类机体的健康发展，并通过调动、发挥人的自我调节机能来实现全部身心的良好发展；而睡眠主要是使精力和体力得到休息与恢复，以便于接下来更好地工作与学习。

（3）处于催眠状态中的受催眠者，虽然大脑皮层的大部分区域已经被抑制，但是皮层上仍有一点是高度兴奋的，反应非常灵敏，对于催眠师的问题也会做出相应回答，而处于普通睡眠状态的人，意识活动则是完全停止的，对外界毫不自知，更不可能配合别人回答问题。

（4）虽然人在催眠状态下也是在休息，但是休息的深度和质量要高于一般的睡眠，有时只是被催眠了十多分钟，但是受催眠者感觉好像睡了很久，身心得到彻底的放松，达到了自然的状态，这是普通的睡眠无法比的。

（5）处于催眠状态中的受催眠者，经过催眠师的暗示会做出某些动作和行为，比如痛哭、大笑、呕吐、出汗等，而在睡眠状态下的人则远远没有如此丰富的活动，他们只会在梦中才能感受到。

（6）处于催眠状态中的受催眠者，在没有收到催眠师的苏醒暗示之前，即使是睁开眼睛，也仍然是在催眠状态之中。而处于睡眠状态中的人，眼睛一旦睁开，便立即恢复到清醒的状态，不需要任何暗示便回到现实生活中来。

从以上6点完全可以看出，催眠和睡眠完全就是两回事。

受催眠者会不会做出违背自己意愿的事

有人不愿意接受催眠的原因是对催眠存在很大的恐惧感，他们担心自己在被催眠的过程中受到控制、失去理智而把一些隐私暴露出来、当众出丑或者做出一些违背自己意愿的事情。例如有一些人担心自己会在催眠时完全听任催眠师的摆布，甚至泄露自己的银行卡密码。还有一些人，他们对催眠抱有一种不切实际的幻想，期望得到某些不可能的结果，其实这些想法都是不正确的，而且是没有科学根据的。

绝大多数的催眠学家认为，人在催眠中是无法被迫违背自己的信仰和道德观说话或做事的。催眠学家指出这样一个事实：只有你想要达到某种无意识行为的变化时，你才能达到这种变化。比如说，如果你并不是真的想要戒烟的话，那么，几次催眠治疗都不太可能使你将烟戒掉。

其实，每个人的内在都有一个极其重要的机制——自我保护机制，所以，在被催眠的过程中，受催眠者是不会做出违背自己意愿的事情，这一点人们完全不需要担心。

即使舞台催眠师想要使一些观众进入深度催眠状态，并让他们做出一些诸如学鸡叫等不正常举动，也是因为受催眠者事实上已经认可了催眠师，在潜意识里接受了催眠师的这一安排，而且在完成催眠后，受催眠者一般会有愉快的感觉，不会因为这些举动有所焦虑或者烦恼。

但是，在此必须要说明的是，一些催眠学家认为，这个问题要比看上去复杂得多。他们认为，通过对暗示进行重组再构，就可以使其看起来与主体的意愿相一致，就可以使这个人做出一些在正常状态下不会做的举动。鉴于催眠从业人员良莠不齐，接受催眠的人也需要注重催眠师的道德品质与专业素养，确保到正规合格的机构去治疗。

在每个人的潜意识中都有一个坚守不移的任务，那就是保护自己。这个自我保护机制使人们不会因外界的引导和刺激而做出潜意识里并不认同的事情。即使是在催眠状态中，人的潜意识也会像一个忠诚的卫士一样异常坚决地保护着自己。所以，人们根本不用担心会做出违背自己意愿或者说出格的事情。

被催眠以后，受催眠者的感受如何

多数人理解的催眠就是把受催眠者引导进一个失去自我意识，一切思维、动作、行为都受制于人的特殊心理状态。那么，那些受催眠者被催眠以后的感受到底是怎样的呢？为什么会有这些感受呢？在与催眠师沟通的过程中，受催眠者生理上会发生怎样的变化呢？

在一些电视节目中，曾经有人当场演示过"催眠人桥"：将自愿体验催

眠的观众导入催眠状态之后，把他们的身体置于两个椅子之间，腹部是悬空的，然后，让一个体重一百多斤的人站在受催眠者的腹部。演示完毕之后，场内的观众询问了受催眠者被催眠之后的感觉。有的受催眠者表示，在整个过程中自己是非常清醒的，可以很清楚地听到指令，也清楚地知道自己在干什么；有的受催眠者则觉得整个过程模模糊糊，感觉腹部所承受的重量像是一本书或一根铅笔、一个气球的重量；还有受催眠者说腹部所承受的是一个热乎乎的熨斗。不同的人因受催眠的程度不同，得到的感受也不同。

总的说来，所有的受催眠者都感到自己腹部上面一百多斤的重量变轻了。在"催眠人桥"的演示当中，受催眠者的注意力被完全集中在全身肌肉的收缩上，整个人变得像一块钢板一样，从而使得腰部肌肉的巨大力量被唤醒，变得无比坚硬。在整个过程中，由于受催眠者并没有失去意识，所以，他能够知道所发生的一切，也同样能记住当时生理上的感觉。

被催眠后会有这样的感受是因为大脑中控制我们行为和感受的部分"意识"在起着作用，我们的意识负责思考、判断、发出命令，同时也要接收信息、体验感受。而我们的"潜意识"则在时刻保护着我们的安全，让我们能够知冷知热、知痛知痒。例如，当我们的手被火烫到后就会立即缩回去，然后，有人可能会惊叫一声，而整个缩手的动作或许还不到一秒钟的工夫，却牵动了指端、臂部一百多块肌肉的连锁反应，这就是潜意识的作用。

催眠就是催眠师与受催眠者的潜意识沟通的过程。随着受催眠者潜意识作用的上升，意识的作用就会越来越弱，这便是催眠的深化。心理学家一般是将催眠分为3个阶段：浅催眠、中度催眠与深度催眠。

在浅催眠状态下，人的感觉变化并不是很明显，主要体现在精神愉悦、身体慵懒而不想动，但是其意识仍然是比较清醒的，能够清楚地知道周围发生的一切事情。因此，很多进入浅催眠的受催眠者都不承认自己进入了催眠状态。但是，如果催眠师下达观念运动指令或者引导出肌肉强直的现象，受催眠者就会不得不承认他确实是进入了催眠状态。等到浅催眠被解除之后，受催眠者的意识清醒，完全知道自己的行为，并且会感到非常轻松和舒适。浅催眠是人们最容易进入的一个阶段。

进入中度催眠后，感觉是相对比较多的，例如：人体温度的变化很明显、痛觉消失以及无法完全知晓周围发生的事情。在中度催眠结束之后，当事人只能回忆起某些片段，而且醒来之后，他会感觉仿佛是畅快淋漓地大睡了一觉，非常放松、舒适。中度催眠被解除之后，受催眠者能保留部分的记忆，但是内容更接近于催眠指令而非真实情况。中度催眠后，被催眠者与催眠师之间也会保持着良好的沟通和互动，不过潜意识却变得异常活跃和敏感。

进入深度催眠状态后，除了催眠师的声音之外，受催眠者的其他感觉几乎全部消失了。受催眠者身心放松，对于催眠指令反应良好，但是受催眠者的意识是不清醒的，甚至不知道当时四周的状况，沉浸在非常主观的个人世界里。当结束催眠时，受催眠者很可能无法记得催眠中发生过的那些事情。有的受催眠者记忆、人格都会发生改变，有的则是反映自己像是进入了另外一个世界一样，这些和被催眠者的受暗示性程度的高低有着一定的联系。

接受催眠术是不是有害

生活中，几乎所有的催眠师都会宣称催眠很安全，只会带来好的效果，不会有害于人们的身体，但是还是有不少人认为接受催眠术是有害健康的。人们之所以对催眠术有很多的误解，原因就是没有真正深入了解催眠术。有些人认为催眠是一种病态的心理现象，人在处于催眠状态中时，会出现许多他们认为的不良现象，包括大脑皮层会受到严重的损伤、意志丧失、智商降低等。甚至有些人认为，被催眠后就像酒精中毒一样，会导致受催眠者精神失常。那么，接受催眠术是否真的有害呢？简单的麻痹对人的身体有副作用吗？

其实，认为接受催眠有害的人可能是看到了正在接受催眠的人。处于中度或深度催眠状态中的受催眠者，绝大部分都是目光呆滞无神，面部也毫无表情，无条件地接受催眠师的一切指令。受催眠者哪怕是见到自己的父母、配偶、子女、好友等，也都全然不认识。其实，这只是在催眠状态中大脑皮层大部分的区域被暂时抑制了而已，在经过暗示之后就会逐渐清醒过来，也

会慢慢恢复到正常状态。

虽然在催眠施术之后，一些受催眠者有种种过于被动或是烦躁、发狂甚至是精神失常的表现。但是，这样的事情极少发生。

那么，造成这种表现的原因是什么呢？是催眠术本身固有的缺陷，还是由于催眠师施术不当呢？经过研究发现，答案是后者。所以专家、学者都一直强调人们要找正规的催眠机构进行治疗，只要催眠师规范操作，就不会有这种情况发生。

其实，那些不利的表现不仅可能在催眠施术中出现，在其他心理疗法中也可能出现。在绝大多数情况下，催眠可以使人的身心机能得到有效的休息和恢复，并通过调动、发挥人的自我调节机能来促进、帮助人类机体的健康发展，以及实现全部身心的良好发展。另一面，专家还需要对受催眠者的一些不良或不正常的反应做深入的分析。由于在清醒的意识中，许多欲求、本能和压抑都被深深地隐匿于潜意识中，它们的确客观存在着，但是又不为他人和自己知晓。在催眠状态下，它们被彻底地释放出来，毫无保留地展现在自己面前。这并不是一件坏事，充分发泄出来只会有益于身体和心理健康。某些缺乏专业知识的人，误以为那些表现不是受催眠者所固有的，而是由于催眠所造成的，所以对催眠术产生误解，并由此开始恐惧催眠。

还有一些人看到，在催眠施术结束之后，某些受催眠者出现了紧张、头痛、恶心、焦躁、抑郁或者是难以苏醒等现象。他们认为些现象也是催眠术本身造成的。事实上，造成这些不良现象的原因并不是催眠术本身，而是催眠师的技术。也就是说，催眠师没有能够按照催眠施术的科学程序进行，因此导致催眠术的失败。所以专家和学者一直在强调催眠治疗和训练催眠内容时，应该由接受过专业训练并有实践经验的催眠师实施催眠。

催眠有副作用吗

催眠是否有副作用也是人们最为关心的一个问题。对于这个问题，催眠师一直都在不停地强调、不停地解释，以消除大家的担心。

实施催眠术可能是有副作用的，但是这个副作用发生与否在于催眠师，而不在于催眠术本身。如果一个催眠师的基本功以及技术修为还达不到的话，他会忽略掉一些必需的暗示。而少了这些环节，就会让受催眠者在清醒之后出现一些迷茫、头昏、倦怠、四肢乏力、头重脚轻等生理反应。当然，这里面不可避免地也存有受催眠者自身的一些原因，有的受催眠者会在这个过程中自主判断，或者按照自主意愿行动，有时候也会减弱催眠暗示的力量。受催眠者心理一旦强烈的排斥，那么就有可能会造成知觉发生歪曲或丧失。

不过，这些副作用完全可以通过催眠暗示——消除。对于一个专业的催眠师来说，是很少出现这种低级错误的。只要操作得当，就不会有任何副作用或者不良后果。

人们对催眠副作用的认识很大一部分是从小说、电影里看到的——催眠师利用催眠控制别人去做一些危及社会及他人利益的事情。这种情况在现实中是很少能出现的，通常情况下，一个高水平的催眠师会自始至终恪守自己的职业操守，不会去做那些有违职业道德的事情。当然，在受催眠者觉得不放心的情况下，也可以请第三人在旁陪同，以起到监督的作用。

有的催眠师在治疗的过程当中，会发现受催眠者心理情绪方面的反复。这是一种很正常的现象。比如，有严重失眠的受催眠者，在经过几次催眠治疗之后，受催眠者会有几天睡眠非常差的时候，情绪也

出现了非常大的反复。这是很正常的，而且这也是问题完全解决的前兆。在治疗心理障碍的时候，在催眠的初期，受催眠者可能会感觉没有自我，感觉自我意识弱了很多，感觉这样很不舒适，但这恰恰是一个潜意识改变心理防御机制的过程，完全是正常的，所以不需要过多担心。

另外，在进行催眠的过程当中，移情是必需的。移情是指在以催眠疗法和自由联想法为主体的精神分析过程中，受催眠者对催眠师产生的一种非常强烈的情感。原因其实很简单，在催眠的过程中，催眠师直接和一个完全暴露的潜意识进行了沟通、交流，这样能和受催眠者非常迅速地建立起亲和感与信任感，催眠师就是需要这样一种完全的依赖和绝对的信任，来进行心理暗示以及灵性改变。这也正是催眠效果显著的一个非常重要的原因。当然，在心理治疗完毕之后，催眠师也会用相当多的次数对受催眠者进行解移情的催眠处理，这种处理并不复杂，经过处理后，催眠者就会恢复过来，感情如初。

综上所述，催眠后的副作用主要是在催眠中予以不当的暗示语造成的，只要经过再一次的催眠性暗示就能消除，因此不必有所顾虑。催眠副作用常见的表现如下：

1.一般性反应

在深催眠状态下受催眠者忽然醒来，或经过较长时间的催眠而突然醒来，或是在醒来之前催眠师没有给受催眠者以轻松、愉快的暗示，这些都会导致有些受催眠者出现头晕、头痛、无力、倦怠、多梦等不适应的症状。即便催眠后有感不适，也能在下一次催眠中得以解除，不会给受术者留下后患。

2.记忆力减退

如果出现记忆力减退的情况，那很有可能是由于在催眠状态下运用了不当的暗示。如果确实有不当的暗示损伤了受催眠者的记忆，甚至对以往的某些记忆也有影响的话，受催眠者就可以在下一次的催眠中进行增强记忆的训练，催眠师可以对其施以增强记忆能力的暗示："通过信息证明，你的记忆功能非常好，在今后的学习、工作或生活中，你会感到你的记忆力非常好，不会再因为记忆力差而苦恼。"经过暗示，受催眠者的记忆可以得到相应的提高。

3.情绪的改变

在催眠中，由于催眠师对受催眠者的暗示不当，或者对于受催眠者心理矛盾的症结揭露之后没有给予正确的诱导和分析，那么醒来后就会使受催眠者的情绪变得急躁、抑郁甚至疯狂，并且会持续很长一段时间才能慢慢恢复。

4.人格的改变

人格的改变也是由于催眠暗示不当造成的，因此催眠师应该注意避免发生这种情况。一旦发生了，一定要处理好这些问题，不要给受催眠者带来更多的、不必要的伤害。尤其需要指出的是，催眠师在实施催眠时不能以本人的一些不良人格去影响受催眠者，迫使受催眠者发生改变。

一个合格的催眠师要对操作的全过程正确把握，对催眠状态的典型特征了然于心，对催眠过程中的突发事件妥善处理，并且能娴熟、准确地运用暗示指导受催眠者，敏锐的观察受催眠者的表情、神态以及心理变化。

我为什么不容易被催眠

通常情况下，对于第一次做催眠治疗的人，催眠师会为其实施催眠敏感度或催眠易感性的测试。催眠敏感度、催眠易感性，都是指一个人进入催眠状态的难易程度。催眠敏感度是较为常用的称呼，催眠敏感度测试包括雪佛氏钟摆测试、手臂升降测试、双手紧握测试、身体后倒测试、柠檬（苹果）观想测试等；而催眠易感性测试主要是卡特尔16种人格因素测验。

一般来讲，约有95%的人都有相当程度的催眠敏感度，而另外5%的人很难被催眠。也就是说，只要一个人是正常的，就能够被催眠，只是催眠时间的长短有所不同。有一些很难被催眠的人必须被施以反复、长时间的诱导，有的可能需要三四个小时才能进入催眠状态。而那些敏感度高的人，几分钟就可以进入状态。所以，时间越长就越考验催眠师的耐心和技术。

催眠敏感度越高的人，就越能让催眠师得心应手，轻松地施展各种催眠技巧。有些人认为容易被骗的人就容易被催眠，这种观点是不正确、不科学的。事实上，许多精明能干的、社会成就高的人是很容易被催眠的。当然，催眠敏感度是一种十分稳定的特征，通常是在青春期以前最高，然后呈逐渐下降的趋势，年纪超过七十的老人，就没有那么容易被催眠了。

被催眠从一定程度上来讲是一种能力，这种能力越高的人，就越能从催眠中获得相应的益处。一般来说，有下面特质的人，其催眠敏感度会比较高：容易放松。

愿意信赖催眠师。

专注力高。

好奇心强。

想象力丰富。

智商高。

我真的被催眠了吗

可能每个开始尝试催眠的人，都会怀疑自己是否真的被催眠了。许多被催眠过或者听过催眠录音带的人，都有一个共同的疑问，那就是："当时我真的被催眠了吗？如果是的话，怎么我没有感觉呢？"其实，催眠并不是人们想象中的那种会陷入无意识的状态，也不会有非常明显的生理反应。

基本上，在低度与中度的催眠状态下，当事人的意识是很清醒的，就算进入深度催眠状态，有的人也会内心杂念平息，感觉比平常要更加清醒。所以才有人会怀疑自己有没有真的被催眠。这些对催眠表示怀疑的人，还会有这样的一个疑问：不论是催眠师说的话还是动作，我都清楚地知道，这样的催眠会有效果吗？

答案当然是肯定的，因为几乎所有的催眠治疗都可以在"感觉上很清醒"的催眠状态下完成。那么，到底怎样才能知道自己是不是真的被催眠了呢？这里有几个诀窍，归纳为以下几点：

首先，在自我意志不参与的情况下，会体验到潜意识接管的状态。例如，要求受催眠者不控制、不压抑的条件下，手臂能够自动举起来，身体会摇晃，食指能够自行弹动等。

其次，想要调动自我意志，却无法克服催眠师的禁止指令。例如，催

95%

可受催眠

眠师下指令暗示受催眠者,从1数到10的时候,会跳过6,对于很多人来说,这是一次非常震撼的体验,尤其是对于那些数到5之后拼命想数出6却数不出来的人,则将成为终生难忘的一刻。当然,常常练习自我催眠的人不需要从1数到10,只要闭上眼睛,让自己安静下来,就能进入很舒服、放松的状态,进行积极的自我暗示。

最后,催眠师下指令暗示受催眠者展现出平常所没有的能力,这种能力让受催眠者自己感觉到惊奇万分。例如,某位催眠师在一群人中选择了几位催眠敏感度比较高的人,并对他们下指令说:"等一下当我在你的后脑勺连续轻拍三下时,你就会睁开眼睛,并且发现你可以看到人体的气场,清楚地看见包围在人体周围的灵光。然后,我要请你仔细地看清楚在场的每一个人。"为了避免后遗症,催眠师再加一道指令说:"你这种看见灵光的能力只可以维持5分钟,5分钟之后,你就会恢复原状,一切如常。"结果,几个人尝试之后表示确如催眠师所说。

前世催眠真的存在吗

关于催眠里面前世的这个说法,催眠界一直以来都争论不休。国外很多专家一直在研究前世催眠,甚至有一些大学专门成立了超心理学系,研究前世、前世催眠以及心灵感应等神秘的话题。实际上,催眠里面所谓的"前世",未必是大家传统意义上所理解的前世,而很有可能就是受催眠者内心的呈现,也许是人的一种渴望,也许是人的瞬间记忆。

有人说,人的灵魂是永生的,死亡只是肉体的死亡,灵魂则是可以进入另外一个生命周期的。在一些国家和民族、部落里,人们甚至欢庆死亡,因为他们认为,人的灵魂步入了一个新的发展阶段。也曾经有报告提到过,人们在被催眠之后,能够回忆起自己"前世"的生活。"前世"真的存在吗?

科学家们普遍表示很难接受催眠能够让人回忆起前世的这种观点。有研究报告曾经指出,受催眠者能够叙述出那样详细的故事,除非他是真正经历过那样的生活,否则是绝对不可能讲得出来的。关于这一点,各界专家们也都做了大量的实验。可是,即使能够证明那些事情的真实性,受催眠者能够回忆起的被催眠之前不曾知晓的事情难道就是前世的生活吗?

如果我们要承认人在催眠状态下能够回忆起自己"前世"的生活,那么

前世？梦？

又必须接受这种观点——受催眠者能够回忆起的被催眠之前不曾知晓的事情，就是自己前世的生活。有观点认为，那些受催眠者叙说的仍然是他们在现实生活中所了解的一些事情，只不过是因为他们在很长一段时间里没有想过这些事情而已。其实除了催眠之外，人似乎也可以通过做梦来回忆自己的前世。

不管是催眠状态，还是梦境状态，都是人的意识进入了不同的层次。只要人们能够学会自我放松，就会很容易进入这些状态。其实，能够回忆起自己"前世"的人都具有非常好的催眠易感性，当催眠师暗示他们能够回忆起自己的"前世"时，他们就会按照催眠师的指令，想象出自己"前世"的生活，并且相信自己"前　世"就是那样生活的。可以说，他们能够回忆起的信息是准确的，但是不完全是自己真正的经历，其中有一部分可能是来自影视、书本等，还有一部分则极有可能是杜撰的。

另外，催眠不一定就是促使他们回忆起这些事情的直接原因，催眠的作用很大程度上只是使那些催眠敏感度比较高的人相信自己的确曾经有过这样的"前世"生活。

有一个受催眠者说自己从来没有去过草原，可是在催眠状态下可以清晰地看到草原上的场景，好像真的就是"前世"一样。这个受催眠者完全有可能是在电视、图片上等看到过草原的景色，而且当时印象比较深刻，再加上自己丰富的想象力，塑造出了一幅草原的风景。这位受催眠者为什么会选择"前世"是在草原，其实这只是反映出了他真实的内心世界——对草原的某种热爱、眷恋，而不是真的回忆起了所谓的"前世"。

其实，在实际的催眠治疗过程中，催眠师并不会过多地关注催眠"前世"是不是真的，他们更多关注的往往是这种催眠对于受催眠者是不是有好处。对于我们来说，以开放的心灵、批判的态度来面对催眠治疗，才是明智的选择。

进入催眠状态会不会醒不过来

相信很多初涉催眠的人都问过催眠师这样一个问题：如果我进入催眠状态，会不会醒不过来呢？事实上，这是绝不可能发生的，迄今为止也没有任何医学文献曾记载过这种情况。这就好像无论夜间的睡眠多么舒适而深沉，人总是会醒过来一样。这一点首先要肯定。但是同时也会有这样的情况：因为催眠实在太放松、太舒适了，所以受催眠者暂时就不想醒来了，但是这并不等同于进入催眠状态之后就真的醒不过来了。

在经过催眠师的暗示之后，受催眠者就会在身心放松的同时，回忆起自己曾经美好的经历，这就会使人很想沉浸在其中，而不想那么快醒过来，恢复到现实的状态，在这种能够暂时摆脱世俗忧愁烦恼的轻松愉悦心情中，可能会有个别受催眠者在接到结束催眠的指示时反问说："可以等一下再结束吗？我想继续体验一下，这种感觉很好。"

这时候，催眠师可能会继续让受催眠者好好享受这种美妙的感觉，同时催眠师也会暗示受催眠者，等到受催眠者享受够了的时候，就随时可以睁开眼睛。因此，担心催眠程度过于深，会一直陷在催眠状态中醒不过来的想法是不正确的，也是不科学的。

在催眠的过程中，受催眠者和催眠师会保持着非常密切的感应关系。在外人看来，受催眠者好像什么都不知道，其实他一直和催眠师进行着潜意识的沟通，保持着密切联系，催眠师下达唤醒指令之后，受催眠者就会醒来。当然，如果在非常放松、非常舒适的催眠状态下，进入自然的睡眠状态，也是很正常的事情。同样，在平时正常的自然睡眠状态中，也可以通过催眠术使其转入催眠状态，这就称之为睡眠性催眠术。

能将动物催眠吗

动物也能被催眠吗？动物不懂人类的语言，为什么可以被催眠呢？看过催眠秀、催眠表演的人一般都会产生这样的疑问。

稍微了解一些催眠术的人都知道，暗示是催眠现象产生的关键所在，是催眠的心理学基础。催眠师正是借助暗示的力量将受催眠者引入催眠状态，并对其开展心理治疗、进行潜能开发等。那么，那些根本无法听懂人类语言的动

物，怎么接收这些暗示的指令呢？

实际上动物是不会被催眠的，因为它们无法了解人类的语言。所谓的"动物催眠"与人类的催眠治疗是毫无关系的。人们通常所提及的"动物催眠"是通过压迫动物颈部动脉的方法带领它们进入所谓的"催眠状态"，我们日常所提及和使用的催眠则是指人类通过采用特殊的行为技术并结合特定的言语暗示，使接受催眠的人进入到催眠状态中。从这个角度来看，人和动物的催眠本质上是不同的，所以，"动物催眠"不属于人们日常所提及的催眠范畴。

常见的鸡、鸭、兔子、青蛙甚至鳄鱼，在催眠师的催眠下，它们的肌肉就像软掉了一样，任由催眠师摆布，再或者是催眠师对着这些动物摆弄一番或者耳语一番之后，它们就逐渐安静下来，静止不动了。催眠师的这些手法会让那些不明白其中原理的人会产生对催眠的恐惧感。

其实，在真正了解了答案以后就会消除恐惧了。在观看催眠师进行动物催眠表演时，心细的人可以发现他在操作的过程中不时用拇指按住动物的颈部动脉，等到它窒息休克之后就松开了手，这个时候，动物已经四肢瘫软了。在观众们的赞叹声中，这位催眠师就完成了一次所谓的"动物催眠"表演。

除了让动物窒息进入所谓的"催眠状态"之外，还有其他的方法来进行动物催眠表演。例如，不同的动物有着不同的神经敏感区，有催眠师就是通过刺激这些动物的神经敏感区来使它们进入短暂的休克状态；还有一些动物在遇到强烈的外界刺激时，会出现"假死"状态或"木僵"状态，从而也可以达到圆满的舞台效果。一些催眠师会对动物进行爱抚以达到"催眠"，这一点，其实我们在生活中不难体会。对于那些与自己特别亲近的小宠物，比如小狗，如果被我们抚摸得非常舒适的话，小狗就会进入浅浅的睡眠状态。另外，还有一些催眠师会使用驯兽员的方法，利用食物刺激来使动物装死以配合其表演"动物催眠"。

孕妇也能被催眠吗

孕妇可以被催眠吗？当然可以。

对于孕妇的催眠一般是心理操作，不需要服用药物，所以在安全问题上是不用担心的。尤其是在怀孕初期，与化学有关的药物孕妇最好不要服用，尤其是在前三个月——胎儿发育的关键期，孕妇应当尽量不服药以降低畸形儿的概率。每个孕妇可以根据自身的知识水平、性格、兴趣、爱好以及其他实际情况，订立一个适合自己的催眠计划。催眠的方法不必过于强求一律，只要是对自己有帮助，适合自己的就可以。

孕妇只要懂得运用催眠的技巧，就可以适当地施以催眠来加强健康、缓解症状、自我治疗。当然，现代的医疗技术和生产环境可以为孕妇的生产提供非常安全的照护，因此孕妇只需要心情放松，多给自己信心即可，不要给自己增加不必要的压力。

在催眠的过程中，孕妇要始终保持乐观的心情，催眠师也应当给予正面暗示，暗示可以是：你将会生下非常可爱、漂亮、聪明的宝宝，你的生产过程会很顺利，而且产后你会迅速恢复身材，甚至会变得比原来更好，孩子以后也会健康快乐地成长，人见人爱。

当孕妇的情绪发生变化时，其腹中的宝宝也会接受相应的变化。所以，在孕期时，孕妇及家人都会注意胎教。在胎教的过程中进行催眠的话效果也会更好，因为催眠可以使孕妇放松，减低她们的焦虑，消除她们恶心的感觉。同时，催眠也可以使生产过程缩短3个小时左右，使生产过程更加顺利。对于麻醉药过敏的孕妇，催眠不仅可以助产，更可以增加母子双方的安全，同时还可以提高孕产妇及胎儿的健康水平。

令人遗憾的是，现在还很少有妇产科医生懂得运用催眠。

第二篇

学习催眠术就
是这么简单

PART 01
实施催眠必须了解的7个问题

哪些人能被催眠

所有的人都能接受催眠吗？上面我们曾经简单提到过，只要一个人是正常的，就能够被催眠。而关键在于催眠时间的长短有不同，加之催眠敏感度的不同，也就使得接受催眠术的人所取得的效果不尽相同。就是说只要你是正常的，你就可以被催眠，但是能否取得良好的催眠效果，达到最佳的治疗状态，则取决于受催眠者是否符合以下的条件。

精神状态

如果一个人精神状态比较好的话，会有利于沟通与交流，而注意力难以集中或是有明显精神病态的人，被催眠所花费的时间要长一些。另外，在催眠过程中有意识障碍的人，被催眠的难度则更大一些，花费的时间也要更长一些，所以对催眠师耐心的考验也会更大一些。

催眠敏感度

催眠敏感度决定着受催眠者的被催眠能力，以及获得某种催眠状态的能力。实验证明，催眠敏感度过低者不适宜接受催眠，催眠效果不明显。催眠敏感度越高的人越能快速地进入催眠状态，而感受性偏低的人必须要进行反复、长时间的诱导暗示才能进入催眠状态。

年龄要求

通常情况下，年龄越大，就越不容易进入催眠状态。在伦敦进行的一项相关的调查发现，7～14岁的儿童催眠敏感度比较高，在这一年龄阶段中，他们的催眠敏感度常随着年龄的增长而提高，然后维持在某一最高水平上。40岁以上的人催眠敏感度就比较低，年龄越往后就越难进入较深的催眠状态。此外，人的心理在整个生命过程中都会发生变化，因此，催眠敏感度的变化也可能受到心理变化的影响。如果受催眠者心理上十分信任催眠师，也较容易进入理想的催眠状态。

性别

相对而言，女性往往比较感性，男性则比较理性，所以女性的催眠敏感度要普遍高于男性。女性在性格特征方面也是比较突出的，所以进入催眠也就比较快。

心理因素

催眠师应该注意在对被催眠者进行暗示之前营造一个融洽、轻松的心理氛围。患有心理疾病的人，严重的偏执狂患者、精神分裂症患者、抑郁症患者、脑器质性精神疾病伴有意识障碍的患者，以及对于催眠有严重恐惧心理的患者等，是不适合被催眠的。这些患者在催眠状态下可能导致病情恶化或诱发幻觉妄想，有的还会引发思维混乱，如果强制进行治疗的话，则可能加重症状。

生理健康

催眠术的实施对人的生理健康也有一定的要求，重度感冒、发高烧、腹泻、瘙痒性皮肤病患者以及患有呼吸系统疾病、心血管疾病（如冠心病、心力衰竭、脑动脉硬化等）的人是不适宜接受催眠术的。这些患有严重生理疾病的患者，通常注意力不能集中或者精力不够，不适宜接受催眠。

在哪儿可以被催眠

催眠是不是在哪儿都可以进行呢？当然不是，催眠需要专门的房间。如果有设备齐全的催眠室，当然是最好不过了，但是一般情况下，这样的条件是难以具备的。那么，就需要尽量利用普通的房间，开辟出一个类似于催眠室的专门房间来进行。

实施催眠术需要专门的房间

房屋的大小。房间太大了，会使人有精神散漫和空虚的感觉，容易使人分散注意力，而太小的话，又容易使被催眠者产生一种压迫感。一般来说，10平方米左右是最为合适的。

室温。室温不宜过冷或过热，一般保持在常温就可以了，温度主要以被催眠者感觉舒适为最佳。

室内照明。如果有强烈的阳光射入室内，或者有故障的灯管一闪一灭，这都是不合适的，这样会给被催眠者造成恐惧感。另外，直接照明也不好，会过于刺激被催眠者的眼睛，使其不能集中注意力，所以以柔和的灯光间接照明是最合适的。

按照上述要求，简单地制造这样的灯光比较好：首先挂上窗帘，防止阳光的直射，让灯光照在白色的墙壁或窗帘上，选择间接照明效果最好，而不是让灯光直接打在被催眠者身上。对于10平方米的房屋使用40W的灯就足够了。如果被催眠者有特殊要求，也可以适当进行调整。

声音、气味等。要避

免人群的喧闹声、楼道走步声、水管流水声，不要让噪音进入房间。最好用较厚一些的窗帘。除此之外，还要避免电视、空调、电扇、换气扇等家用电器的声音，要让被催眠者集中注意力，在一个安静的环境下进行催眠治疗。关于气味，要避免放置有臭味或异味的东西，木材味、涂料味比较强的房屋尽量不要使用，以免损害被催眠者的身体健康。

专业的设计

一个完备的催眠室需要非常专业的设计，必须注意以下几个方面。

防音。如果吸音太强，暗示的意图就难以转达，恐怖感会增强。与之相反，音响效果太好，受催眠者则不易冷静下来。音响效果最好是不完全的吸音装置，完全的防音（无音）会导致没有回音，使人感到异样，反而产生不好的影响。通常把室内音量控制到被催眠者可以承受并觉得合适的程度就可以了。

墙壁混凝土200毫米厚，然后是纤维板，在其中加入玻璃棉等吸音材料，适当地使用有孔板比较好。有条件的话，催眠的房间尽量选择平开窗，而不是推拉窗。对于已经采用推拉窗的房间，只能根据噪声的来源选择开窗户的方向，以最大限度减少噪音。催眠室内还需要有专门的背景音乐。其实，关于催眠室的设计，防音这个问题是最为难作的，有必要请具备专业知识、有经验的人加以指导。

照明。采用间接照明的方法，具有色彩照明的效果，还要安装调节这些照明设施亮度的装置。

空调。要保持一定的温度、湿度和适宜的空气流通。另外，要注意避免空调的噪音。

测定器。在预备室内装有测定器，能够根据需要进行测定、录音。

通向预备室的完备的传导设备。单面反光玻璃（镜）；心电图、脑电图、测谎仪，以及其他的电子技术测定装置的传导电缆；监听声音或录音等用的配线。

室内的装饰、设备。家具要单一，墙壁、地板、天花板的色彩要和谐，具有协调性。

催眠时的坐姿

进行催眠时，需要采取特定的坐姿。保持正确的坐姿，在催眠过程中起着举足轻重的作用，因为随着催眠的不断发展与深入，姿势也成为越来越重要的环节，所以绝不能忽视。

首先，要让受催眠者尽量身心放松地坐着，注意不要让受催眠者的胳膊、腿脚等发麻。尽量减少对受催眠者心理和生理上的刺激，不要让受催眠者感觉不舒适。同时也要尽量避免选择那些长时间坐着会使人腰痛的硬椅子。

其次，要注意参考受催眠者个人日常生活的习惯坐姿来安排，比如说，中年妇女多数认为静坐在椅子上会比较舒适，而有一些中年男性则平时喜欢微微打开双腿，整个臀部坐在椅子上。因此，催眠师应委婉地询问一下受催眠者的习惯，然后采取适当的坐法，为下一阶段的催眠做准备。

再者，安抚受催眠者的情绪。有些受催眠者，特别是第一次接受催眠治疗的人，由于不安、紧张和恐惧等情绪，往往会变得非常拘谨，身体也会随之变得非常僵硬。肩膀、手臂、手腕、两腿、两足等，全身都绷着劲儿，表情也极不自然。这种坐法是不正确的，催眠师需要逐步进行安抚、调节。

一切就绪后，催眠者站在受催眠者的正侧面，先让受催眠者站起来，再让其坐下去。这样一站一坐，受催眠者的背部有一个悬空的过程，一般就能够使其放松了。如果这样做没有效果的话，那么催眠师最好对受催眠者进行全身抚摸，使其能够真正地放松。

例如，如果需要两肩放松，催眠师应当边说边用两手轻轻地搭在受催眠者的肩上。接着，从肩部开始，按照由肘部到手的程序轻轻地往下抚摸。抚摸的过程中，在注意力度的同时，还要观察受催眠者的放松程度，如果一两次没有效果，则就要反复多次进行。为了确定受催眠者是否能够做到真正的放松，催眠师需要进行简单的试验。其方法是：催眠师一边说着暗示"把你的十个手指放松，让它们处于很舒适的状态"，一边拿起受催眠者的两手，轻轻地上抬之后再放开。这时，受催眠者被上抬的手如果是"啪"地一下自然落下，就说明已经很放松了。其实，这些放松练习也是暗示催眠的开始，只有完全放松了，受催眠者才能更好地进入催眠状态。

催眠语有哪些使用要求

催眠语，是指催眠师在诱导受催眠者进入催眠状态时对受催眠者所讲的一些暗示性的话语。有人曾极端地说，催眠术的奥秘无非就是催眠暗示语的使用法。在大多数情况下，语言是催眠师实施催眠、使受催眠者接受催眠暗示的主要媒介。催眠语在催眠过程中确实有着举足轻重的作用。催眠语也是一门艺术，除了要注意轻重缓急以外，还有一些其他的具体要求，这需要催眠师不断练习，直到熟能生巧。

第一，语调要抑扬顿挫，节奏要有缓急强弱。

催眠语的使用，绝不像念新闻稿那样，只要念准确、流畅就行，也不能像有些学生背诵课文一样死死地记住就万事大吉。它有点像表演艺术家的工作，其实施过程可以称得上是在演出一场非常精彩的话剧：首先将人物推上一个空白的舞台，以最初的情况设定并构成剧目，一边推敲着剧情一边完成剧本。决定该剧目成功与否的关键，就是具体的说话方法，也就是催眠师语调的抑扬顿挫，语言缓急强弱的节奏。除此之外，没有任何有助于剧情进展以及烘托剧目效果的方法。

第二，不要使用命令语气。

催眠语的语气大体上可以分为权威语气和教诲语气两种。权威语气——

预言性地指示动作的方法，例如"你就这样倒向后方"；教诲语气——暗示可能性的温和说法，例如"你可以那样倒向后方"。"快倒向后方"这样的命令语气，会使受催眠者失掉对催眠以及催眠师的信任。因此，催眠语中是严禁命令语气的。

第三，不使用疑问等不确定的语式。

像"你能做吗""做一个来试试看"等不确定的说法，有时会使受催眠者产生犹豫或者表示出毫无理由的拒绝态度，从而阻碍催眠过程的继续。因此，催眠语的内容一定是要把状况具体化并且带有明确的结论性，例如"你就这样站立起来""你的手臂已经不能弯曲"。这种语句能让受催眠者明白自己接下来该怎么做，不至于迷茫。

第四，将来式比现在进行式更容易产生作用。

"现在，你做……"这样的说法，不如采用像"下面，我拍一下手，你将……"的催眠语。临床经验表明，将来式催眠语比现在进行式更容易产生作用，更容易促使受催眠者采取行动。

第五，重复暗示。

就像领着宝宝学走路、学说话一样，在催眠状态浅的情况下，重复暗示的效果更大。向表面意识的传达与向无意识的暗示传达，存在着相当的"时差"。要用实际的感觉抓住这种差别，在注意反复效果的前提下使用催眠语，这样可以加深催眠语在被催眠者心中的印象。

第六，注意不要前后矛盾。

在进行催眠暗示时，一定要思路清晰，不要前后矛盾，发生抵触，否则就会混淆受催眠者的感受性，造成受催眠者的混乱。

以下是诱导受催眠者入睡的催眠语：

　　"现在请把眼睛闭起来。希望你能认真、耐心地听我说话，内心要保持清净。来，先放轻松……你的眼睛要闭起来……眼睛闭起来！希望你觉得很轻松、很舒适，心里什么杂事都不要想，除了我的话，什么都别想……什么都别想……眼睛闭起来！舒舒适适地闭着眼睛，保持内心清静，除了我的话以外，什么都别想……你的心已经慢慢宁静了……宁静了……一切都安静下来……你整个人现在非常的舒适……很舒适……

　　"你现在只能听到我的声音，只听到我的声音……只听到我的声音……只听到我的声音，除了我的声音，你什么也听不到，你现在内心很清静，很清静……全神贯注，只听到我的声音。现在你会觉得很放松，很舒适，全身都很松弛……全身都很松弛，你开始想睡了……全身都很松弛，你开始想睡了……很想睡了……非常想睡……你的内心很清静……只听到我的声音……你觉得全身放松，全身舒适。有规律地深呼吸……有规律地深呼吸……深深地呼吸……深深地呼吸……放松全身……放松每一个细胞……只听见我的声音，保持内心平静。你已经开始入睡，开始入睡……保持内心的清静……你已经入睡……你已经入睡……你已经睡着了……已经睡着了……你已经深深地睡着了。深深地睡着了……舒舒服服地睡吧……深深地、舒舒服服地睡吧……你睡得更深，更舒适……你睡得更深，更舒适，更深，更舒适，更深，更舒适……你深深地睡着，舒舒服服地睡着……保持内心的清静，你睡得更深，更舒适……你睡得更深，更舒适。深深地舒舒服服地睡着……睡着……睡着……你尽情地睡吧，我过半个小时后再来和你聊，放心，在此期间不会有任何人来打扰你，你尽管放心地入睡……"

催眠师应做好哪些准备工作

　　如果要顺利地施行催眠，并收到预期的良好效果，那么，在实施催眠之前应当做好充分的准备工作。准备得是否充分，对于催眠师和受催眠者来说都很重要。催眠师在实施催眠之前应当对受催眠者做全面、详细的调查，并与其进行充分的交流，不论受催眠者是自愿还是被动地接受催眠治疗，催眠师都要根据其文化程度、社会背景、身体健康、心理素质、催眠敏感度的高低以及接受催眠术的动机、目的等，实施催眠前的心理准备工作，确定相应的治疗方案，这也是作为一名合格的催眠师应必备的专业常识。

一般来讲，实施催眠前，催眠师的准备工作如下：

首先，催眠师应当了解受催眠者接受催眠术的动机、目的、迫切性，以及受催眠者对于催眠术的认识程度。这样就可以根据受催眠者的具体情况来制定方案。另外，还要了解受催眠者的个性特征以及其对自己心理障碍的了解程度，然后经过催眠敏感度测试确定具体的催眠实施方案。不同的人有着不同的情况，不同的疾病有着不同的治疗方法，而且病情的不同阶段也有着不同的催眠方法，所以催眠语和治疗方案的制定，不能墨守成规、千篇一律，要做到适时而变，要根据受催眠者的具体情况做出相应的调整。

其次，实施催眠之前，催眠师应当根据受催眠者的文化程度、社会背景，向其介绍关于催眠术的一般知识，消除其对催眠治疗的疑惑、忧虑以及对催眠的误解，使受催眠者能够理解催眠的真正定义。这样，催眠师与受催眠者后面的配合将会进行得更加顺利。在实施催眠术之前，还应当进行必要的放松训练，只有彻底地消除顾虑，得到放松，才有信心接受催眠并与催眠师充分合作，达到催眠治疗的最佳效果。

催眠治疗中，帮助受催眠者抚平情绪、建立信心是最主要的。在此过程中，要使受催眠者感到催眠师是在竭尽全力，最大限度地为其解除病痛。另外，催眠师要逐步取得受催眠者的信赖，只有在双方相互信任的基础上，才能更好地开展工作。接下来，催眠师会运用专门的引导技术，通过想象、渐进等让被催眠者进入催眠状态；当被催眠者潜意识逐渐增强，就会把隐藏在心底的情绪说出来，从而减轻心理上的负担。

无论是采取哪一种形式的心理治疗，都必须通过医患双方的沟通与交流而完成，这是必要的前提条件，也是医疗成功的重要保证。临床证明，相互信任的亲密关系能够明显减轻受催眠者的不安和焦虑，增强受催眠者的信心，更容易进入催眠的状态。因此，在实施催眠之前，催眠师应努力建立良好的医患关系。这种医患关系是一个双向的心理互动过程，所以催眠师一定要有坚定的信心与耐心，用乐观的思想和坚强的意志对待前进道路上的一切困难。

受催眠者应注意哪些问题

对于受催眠者来说，在接受催眠之前一定要注意身体情况，要有正确而坚定的信念，同时还要注意其他一些问题。这些问题同样不容忽视，它们是心理治疗成功的关键。

身体情况

受催眠者在接受催眠治疗前要注意排空大小便，而且注意不要吃得太多、太饱，要绝对禁止饮酒，尽量不要服用人参、激素等，尽量保持有规律的生活习惯，以良好的精神状态接受催眠治疗。另外需要注意的是，在出现腹泻、高烧或者患有瘙痒性皮肤病时，不宜进行催眠，应当等到身体完全康复时再进行。在催眠治疗的过程中，受催眠者身体有任何不适都是不正常，此时一定要马上跟催眠师反映并要求立即停止催眠。

那些对催眠术不甚了解的人以为在受催眠者将要睡觉之际，实施催眠术的效果是最好的。而事实恰恰相反，在受催眠者疲劳欲睡之际最不宜也最不易实施催眠。因为这个时候的受催眠者因过度疲劳无法专注于某一件事情，注意力涣散，极欲进入正常的睡眠状态。而在受催眠者精神饱满的时候，其注意力是最容易集中的，因此非常易于接受催眠暗示。

正确而坚定的信念

"心诚则灵"常常被理解成唯心主义的一种表现。其实，对于以心理暗示为机制的催眠术来说，能否取得成功在很大程度上取决于受催眠者"心诚"，即怀有正确而坚定的信念。信念是成功的基石，作为被催眠者，要有坚定的信念。因为不管病情是好还是坏，都要以乐观向上的信念来支持自己。

受催眠者一定要清楚，催眠治疗是为了帮助自己解除心理上的疾患，并对此信念坚定不移。在催眠过程中最大的障碍就是受催眠者的紧张、惶恐与不安，这是由于受催眠者缺乏对催眠术正确而坚定的信念而引起的。这个时候，如果受催眠者想以最有效率的方式减轻病痛，创造美好人生，就一定要学会清除自己潜意识里的所有负面信念，鼓励自己树立信心，相信催眠师，并且积极配合催眠治疗。

心态与表现

受催眠者在催眠过程中必然会产生种种心态与表现，这些心态与表现有些会促进催眠的顺利实施，有些则会影响催眠的效果。因此，受催眠者一定要注意自己的这些表现，适时调整自己的心态，让自己全身心放松，并且不断暗示自己在进步、在努力。

其实，在实施催眠之前，受催眠者常常会有不同程度的紧张、惶恐与不安，并由此产生一些抗拒反应。而这些反应又常常使得受催眠者将注意力转移到抱怨客观条件上，例如嫌周围环境不够安静，抱怨椅子太高、太硬，或者觉得自己身体有所不适等。其实，内心的真实想法是对于催眠术的逃避或者想要延缓接受催眠术。因此，在催眠师对受催眠者进行放松的同时，受催眠者自己一定要主动配合，调整好自己的心态，树立正确对待疾病的态度。

催眠师应遵循什么原则

催眠师绝对要遵守应有的职业道德，切不可有滥用的邪念。由于催眠术是运用暗示等手段让受催眠者进入催眠状态，所以催眠师在调动人的无意识力的同时必须节制那些失度的恶作剧，例如，将臭水暗示为果汁让对方喝、在严寒的冬天让对方脱衣服、在大庭广众下让人出丑等。由于催眠治疗是在受催眠者被催眠师控制之下进行的，因此催眠师的职业道德和心理素养更具有特殊意义。

催眠师在实施催眠术时，一定要遵守以下五项原则。

考虑时间和场合

不要在夜深人静的时候进行催眠治疗，尤其是在紧靠邻居的地方进行。因为受催眠者的声音会出乎本人意料地紧张、高昂，有时会传得很远。在尖叫的时候会给邻居造成一定程度的困扰，严重的话会影响他人休息或者给他人造成恐惧感。催眠师应善于机动灵活地采取适当措施，解除受催眠者的不良情绪，争取受催眠者在常规的状态下积极主动地配合治疗。

不要给受催眠者脱离常识的暗示

不要给受催眠者脱离常识的、奇异的暗示，如让其采取过分的、危险的姿势，往嘴里放危险的物品等，以免造成意想不到的事故。另外，应注意不要让受催眠者发出无意义的怪声。催眠师要根据受催眠者的情况有针对性地选用指导语言，不可随意戏弄受催眠者。

不做超限度的恶作剧

不要对受催眠者做超限度的恶作剧，不得强迫对方喝有毒的东西或者碰有害的物质，不得要求对方用头撞墙、从高处跳下，等等。所有能给受催眠者造成伤害的行为一律不允许实行。

不选择容易兴奋者

应尽量避免对容易兴奋的人进行催眠，容易兴奋的人通常会有歇斯底里的倾向，很容易对催眠术产生强烈的抗拒反应，容易出现混乱的场面和令人惊叹的结果。另外，容易兴奋的人一旦进入催眠，则很容易发生感情爆发性地发泄、朝意外方向发展的危险，催眠师应当坚决避免局面失控的事情发生。

可信吗

对于儿童只做浅度催眠

对于孩子来说，"注意力集中"是一个很抽象的概念，在他们的头脑中，没有一个具体的步骤告诉自己如何做到"注意力集中"，所以针对儿童的催眠方法应做适当的调整，不应和成人一样。

PART 02
最具威力的语言——催眠暗示

催眠暗示，生活中无处不在

很多人都有过这样的体验，一个人在家时觉得非常无聊，什么都不想做，什么也都不愿意做。于是静静地坐在那里，默默地看着窗外的景色。在这个静默的过程中，你的思绪、你的思维、你的思想意识也可能会有一部分从现实情况中分离出来，跑进了以往那些欢乐、美好、忧伤、令人叹息的时光。你进入了深深的回忆状态，在不知不觉之中开始发呆或者做起了白日梦。其实，这是因为你受到了周围物品以及景色的暗示，这些东西勾起了你对以往的回忆，诱导你进入浅浅的自然催眠状态，这是催眠在日常生活中最常规的一种体现。

相信很多人也有过这样的体验，如果在笔直的公路上驾驶汽车的话，总是特别容易劳累。这是为什么呢？沿途那单调、重复而又无趣的风景，汽车行驶的声音，以及毫无生趣、令人提不起精神、感到厌烦的水泥路面会让人长时间地注视前方，当你不间断地收到前方那空无的暗示，你的大脑开始空白、疲劳起来，连你的眼皮也变得越来越累，从而诱发出催眠状态。因此，为了避免诱发司机公路催眠，人们在修筑公路的时候，会在公路两旁设置一些比较醒目的标志，或者进行相对较重的绿化，或者有意识地将公路设计成弯道，尽可能地从车外给驾驶员以视觉上的刺激，避免驾驶员被单调重复的暗示引入催眠状态，从而降低事故伤亡的概率。

热恋中的男女在傍晚的沙滩上相互依偎，亲昵缠绵，窃窃私语，注意力已经完全集中到了对方的身上，会感觉时间过得非常快，刚才还是夕阳西下，再一抬头已经是繁星满天了。这是因为恋人接受了对方美好、迷人、轻松、愉快的暗示，沉浸在幸福、甜美的体验中，进入了美妙而舒适的催眠状态。

还有，当人在全神贯注地做着一件事情的时候，例如阅读一本非常精彩的小说，此时就会对旁边的声音充耳不闻，仿佛世界上的其他事物根本不存在一样。如果这个时候有人与你交谈，那么你可能会机械地应答一下，但是并不清楚对方在说什么，甚至根本一个字都没有听进去。这是因为当人的注意力被小说的内容完全吸引了，完全接受了小说的内容所发出的暗示，进入了一个非常专注、非常放松的催眠状态。催眠其实离我们每个人都很近，只不过人在注意力集中的时候没有意识到罢了。

平时在生活中，人经常会处于一种非常专注、放松的状态，这在心理学家眼中都充满了各种各样的心理暗示，都是一种不知不觉的自然催眠状态。俄国著名生理学家巴甫洛夫（1846～1936年）说过："暗示乃是人类最简单、最典型的条件反射。"

催眠暗示的巨大作用

众所周知，在清醒的状态下，暗示会对我们起到非常重要的作用，而实际上，在催眠状态下，暗示会更加容易进入人的潜意识领域，并且具有更加强大、更加持久的作用。催眠治疗正是利用人的这种受暗示性，来引导人进入一种非常放松、舒适的催眠状态，并且使人在这种状态中产生深刻的心理状态变化，将人感觉或者行为的一部分从意识当中分离出去，而在无意识当中进行记忆。由于这种记忆发挥着巨大的作用，因此这时给予受催眠者某些积极、正面的暗示自然就会对人的身心健康起到很好的调整作用。

第一，催眠暗示可以有效地帮助我们放松身体、缓解紧张、释放压力。临床心理学的研究表明，心理压力若长时期得不到缓解和消除，就会产生多方面的不良后果。当人们感觉到紧张、有压力的时候，身体的肌肉和精神都会处于一种非常紧张的状态中。长此以往，就会影响身心健康，而正确的使用催眠暗示可以让我们迅速地进入放松状态，身心愉快，从而达到缓解紧张、释放压力的目的。

第二，正确、积极的催眠暗示可以有效地帮助我们增强自信，增强自我觉察能力，提升人格，培养优良的品质与个性，促进身心健康发展。自我觉察能力包括进一步了解环境的能力、更加了解并且接纳自己的能力与环境以及他人更加和谐相处的能力。这些能力的提高，本身就是自我功能的增强以及人格的进一步提升。

第三，催眠暗示可以有效地帮助我们治疗身体疾病，解决心理冲突及治疗心理障碍等。将催眠与精神分析、行为矫正、认知疗法、家庭治疗以及团体治疗等各种心理治疗的理论、技术相结合，可以对强迫症、焦虑症、恐惧症、癔症等心理障碍，以及偏头疼、冠心病、原发性高血压、睡眠障碍等起到治疗作用。

第四，催眠暗示可以有效地帮助我们增强记忆力，提高学习效率和工作效率。研究显示，当 α 波为优势脑波时，脑部所获得的能量比较高，运作就更加顺畅，直觉更加敏锐，这是人学习与思考的最佳脑波状态。正确地使用催眠技术，可以使人进入以 α 波为优势脑波的状态，从而获得更好的学习效果与更高的工作绩效。

第五，催眠暗示可以帮助我们戒除不良嗜好，纠正那些不恰当的行为习惯，提高生活质量。

心理暗示是人日常生活中最常见的心理现象，无论是他人暗示还是自我暗示，都会给人的身体与心灵带来巨大的影响。积极、正面、主动的心理暗示，可以调整和改善被扰乱（被破坏）的身体状态、心理状态以及行为模式，而消极、负面、被动的心理暗示则会破坏机体的生理功能，扰乱人的心理及行为。

心理学家曾经做过这样一个实验。他们来到一所学校，随意进入了一间教室。在表明自己的身份之后，他们随机选择了一些同学，并且宣布这些同学是天才，未来一定会取得好的成就，然后心理学家就离开了。事后，他们进行跟踪调查，发现被宣布是天才的学生的学习成绩在几个月内都有了不同程度的提高。于是他们重新来到这所学校，又宣布另一些学生是天才，未来一定会取得非常好的成就。结果，和上次一样，另一些被宣布是天才的学生也出现了学习成绩提高的现象，这就是心理暗示的巨大作用。

在上面的案例中，学生们是受到了他人暗示的影响，而这些暗示是积极的，所以学习成绩就提高了。如果暗示是消极的，那么就很容易给人们的身体与心灵带来危害。

有一个人走进了冷冻室，不小心被关在了里面，他一想到自己很可能会被冻死在里面，心里顿时非常紧张、不安。于是，他越想越害怕，越害怕也就觉得越寒冷，最后他蜷缩成一团，竟然在惊恐中死去了。那间冷冻室的制冷设备其实根本就没有打开，而冷冻室里面的温度也根本不至于把人冻死。

从上面的案例中，我们可以清楚地看到自我暗示的力量是何等巨大。那么，我们是否可以利用暗示的力量来为谋求快乐与幸福呢？答案当然是肯定的，我们可以利用积极、正面暗示，让自己在健康、积极的心态中乐观生活。

催眠中最常用的6类暗示

心理暗示，是指人接受外界或他人的愿望、观念、情绪、判断、态度影响的心理特点，是日常生活中最常见的心理现象。想一下，在日常生活中，你所运用或接触到的各种暗示。早上起来，你被儿子丢在走廊的跑鞋绊倒，当他过来时，你瞥了一下鞋看着他，暗示着：你的鞋没放在该放的地方，拿走。你开车上班，路过一个展示一群人开心听着音乐电台的广告牌，暗示着：如果你也收听一样的电台，你的生活也会更开心、快乐。你的老板进到你办公室说："我们在找个人做项目主管，这个月底决定。我们十分欣赏你组织、执行培训项目的方式，你对新项目有何想法？"这个暗示有两层意思：你被考虑做项目主管；作为成功的候选人你如何进行自我推荐？回家路上，你在银行停下来，身后排队的男人抽着烟，烟扑到你的脸上，你转过身，看了看那男人手里的香烟，然后给他一个眼神，是在暗示：你该把烟熄掉。你出去吃饭，主菜过后，

侍者过来问："要看甜点菜单吗？"这个暗示是：希望你点些甜点……生活中像这样例子还有很多，只要人们细心观察，就不难发现这些常规性暗示。

这些暗示有些是通过语言暗示的，有些则是非语言的。在催眠交流中，也一定会用到这些暗示。

催眠中，最常用的暗示有6类：放松暗示、深入暗示、直接暗示、想象暗示、间接暗示和催眠后暗示。

放松暗示

放松训练是以一定的暗示语集中注意力、调节呼吸，使人的肌肉得到充分放松，从而调节中枢神经系统兴奋性的方法。放松暗示能让你轻松，将你引入一种接受状态，引导你集中精力。这些暗示为进一步暗示打下基础。

放松也是一种很好的解压方式，有助于身心达到暂时的平衡。放松暗示也是催眠治疗的必要手段。在开始放松时，只感到自己放松得越来越深，随着每一次的呼吸，你就会发现自己放松得越来越深，对积极的暗示变得更加有反应。

感觉你的肌肉放松，你的脖子、肩膀放松，当它们放松时，你会发现你的精神放松。当精神放松了，你整个身体更加放松，越来越少地注意到外界环境。

深入暗示

深入暗示把你带到更深的催眠状态。你可以把深入暗示看成是一部下降的电梯——当按下特定按钮时，它会下降到下一层楼。下面介绍了深入暗示的3种方法。请注意听以下暗示语，它们会有助于你提高放松能力。

想象从阶梯走下，每下一级台阶都能感觉到身体放松，越来越放松，觉得好像飘下来，飘下每级阶梯，更加深入放松，10，更深入放松，9……8……7……越来越放松……放松……6……5……4……好，继续放松……放松……3……2……1……更深、更深地放松。

闭上眼睛，闭得很紧不能睁开。眼皮被粘在一起，不能分开，你不能睁开眼睛。你的眼皮闭得很紧，非常紧，牢牢地粘在一起，不能张开眼睛。你要慢慢数到3，想着你闭着的眼睛，每说出一个数字，它们都闭得更紧。试着睁开……1……你不能睁开眼睛……2……它们紧闭着……粘在一起，完全闭着……3……你的眼睛不能睁开。好了，你自己可以尝试着睁开眼睛，试试看……不要勉强……

你在椅子上放松，你的身体与椅子合为一体，你不能从椅子上移开、站起来或四处走，你像雕像一样完全静止在椅子上。你是一座雕像静止在椅子上。你在椅子上非常放松不能动。如此放松，当你试着移动身体，却不能移动。你试着移动身体，它在椅子上太放松了而不能移动。你会发现自己此时已经和椅子连为一体了，你努力想离开它，却发现很难做到。

直接暗示

直接暗示是指无须中间性想象或联想就使被暗示者明白暗示内容。直接暗示通常是简单、扼要的。它们通常在不需要任何有效想象的诱导中使用。这与间接诱导相反，在后者中，想象是必不可少的。

被给予直接暗示时，受催眠者是对语句而不是想象做出响应。暗示可能是一个词或几句话，它能立即引起响应，或者是直接进入到下一阶段，常见的直接暗示如下：

现在你要回到过去——处于问题所在的阶段和地点。

你觉得想睡觉，让睡意控制你——过去的想象消失。

想象暗示

想象暗示能增强其他暗示。它产生幻象、建立有特定目的（例如放松、培养全新的自我形象、对新行为的彩排或是提供能重新制定行为的环境）的场景。所以想象事情的美好结局，潜意识就会帮你实现。例如，楼梯的想象增强了向下数数、加深暗示；过去的景象能增强对重要事件的回忆，该事件是直接暗示的结果。任何形式的想象或比喻都可以同间接暗示一起使用，例如汹涌的河流代表一个人的循环系统，唱歌的小鸟表示希望。

想象暗示可以这样进行。

你觉得自己像你年轻时一样强壮，你在沙地上打本垒打，手里拿着球棒、准备好投掷。你能感觉到旋转、你有力地握着球棒，你看着球飞过防护，你很容易地从一个垒跑过另一个垒。你精力充沛，几个回合下来都不会感到疲倦，现在的你像年轻时一样快乐、自信。

你在亚利桑那沙漠的一个特别地方，每年这时，灿烂、古铜色的落日沿着地平线延伸到几里开外，空气干燥、清新，四周静悄悄的。所有的一切都是静止的、安静的，你能听到自己的心跳声，自己的呼吸，包括自己的思想。

你在海滩上，压力从你身上融化，滑下你的身体，然后被冲进海里。压力从你身体上融化、被冲走。你没有压力地站在那里，你感到很轻松、快乐，充满了宁静。

间接暗示

间接暗示有两种形式。首先，集中一种渴望的情感状态，如高兴。与被催眠的人谈论他的过去，确定曾经激发出渴望情感状态的经历。接下来，在诱导过程中，激发病人重新体验这种经历以及所伴随的积极情感。稍后就可以进行唤起催眠后情感状态的简单暗示。例如，病人可以回想年轻时特定的快乐时光，他和父亲一起航行，他觉得无忧无虑、宁静、快乐。使用的暗示语言可以与这些积极的情感有关，暗示语就是航行。从那时起，病人只去想"航行"这个词，以体验他渴望的情感状态，在这种间接暗示的情况下，病人内心的情感状态能毫无保留地体现出来。

间接暗示的第二种类型与米尔顿·埃瑞克森的成果有关。埃瑞克森在催眠中使用比喻、类推的方式，给予病人意识以外的暗示。他有时将病人有反应的对话与自己的行为结合起来，让病人进入催眠。

间接暗示是非常个性化的。每次对话，每个比喻都必须尽可能地适合问题和病人。例如，如果一位终身从事木匠工作的老人来进行催眠治疗，以减轻胳膊的疼痛，使用比喻的诱导要对这个人有意义才行。比喻与经历越接近，病人越能产生深刻的体会，效果就越好。

催眠后暗示

催眠后暗示，是指催眠师经过催眠以后给予受催眠者的一些唤醒暗示，以便于受催眠者在催眠唤醒后的意识能够逐渐清醒，这也是催眠状态下催眠师必然会做的事情。如果催眠师对被催眠者进行暗示，使其遗忘这个催眠后暗示，那么在受催眠者苏醒后，会对这些暗示自动地做出反应。

PART 03
催眠诱导

催眠诱导，带你进入催眠状态

有专家说，"诱导是通往催眠王国的渡船"。催眠诱导就是催眠师诱导受催眠者进入恍惚或催眠状态的过程。

催眠诱导是实施催眠过程中最重要的一个环节，如果催眠师不能将受催眠者诱导进入催眠状态，那么，催眠的其他活动也就无从谈起了。催眠诱导的方法有很多，凡是能够使受催眠者进入催眠状态的方法都可以称为催眠诱导。

最古老的催眠诱导

其实，许多人对于催眠术的最早印象来自一只来回摇摆的怀表。被催眠的人呆呆地凝视着那只来回晃动的怀表……时间随着怀表的嘀嗒声渐渐流逝，而怀表晃动的幅度也越来越小，越来越慢……被催眠的人眼神则越来越僵直，移动得越来越缓慢……这时，催眠师用手在被催眠的那个人的眼睛上轻轻地一抹，用低低的、沉沉的声音说："睡吧！"于是，被催眠的那个人就随着催眠师的手掌而倒在椅子上，进入了催眠状态……

凝视怀表的方法是众多催眠诱导方法中的一种，称为"凝视法"。"凝视法"发展至今，已经有了太多的演变了。

比如，这种最快捷、最经济、最神奇、最不可思议的"三步催眠诱导法"。

请你把注意力完完全全集中在下面的字句上——

第一句：你可以允许……你现在的感觉……一直继续下去。

第二句：你也许会非常好奇……你的身体到底可以舒适到……什么程度。

第三句：你并不一定需要……进入到很深很深的催眠状态。

这看似平常，实则蕴涵了催眠的整个原理。如果你能够在一个温度适宜而又安静的环境下，以缓慢、平静、镇定的语气来引导对方，那么很多人都可以进入浅度催眠状态。

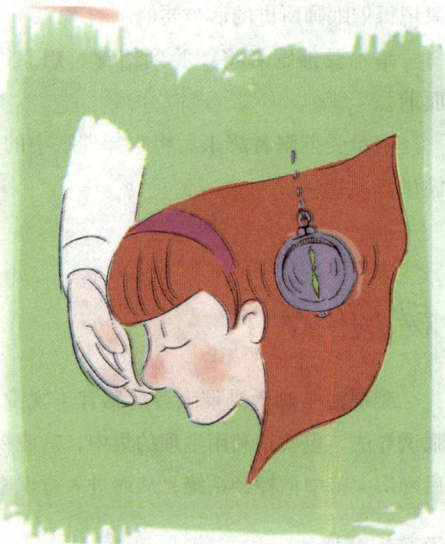

催眠诱导的两种基本方式

催眠诱导的方法虽然有很多，但是都是建立在两种基本方式上的：命令式和温和式。命令式诱导主要是应用直接指令性语言，比如："你将……""我会……""下面，你就会……"这种权威式的方式，有时更容易让受催眠者信服。而温和式诱导的语言则缓和一点，比如："如果你会……那么……""当我……你就……"这种温和式语言比较有缓冲的优势，能给人留有想象的余地，有时更容易让被催眠者采取行动。

催眠诱导的顺序

催眠诱导的方式有不同，方法有很多，但是大体上都要遵循以下的顺序：

暗示受催眠者眼睛疲劳，全身没有力气，直到眼睛无法睁开。

暗示受催眠者的感官在逐渐迟钝，将不会感觉到刺痛。因为在催眠状态下会失去痛觉，对外界也慢慢没有了感觉。

暗示受催眠者忘记一切，周围发生的任何事情都与他无关，只听得到、只记得催眠师所讲的话与要他做的事。

暗示受催眠者将体验到幻觉、想象，并感觉事情正真实地发生在自己面前。

暗示受催眠者醒来后将忘却催眠中的一切经验，自己将会变得很轻松、愉快。

凝视法

凝视法是刺激受催眠者的感官（视觉），而使受催眠者注意力集中的催眠诱导法。也就是利用生理的集中，造成视觉疲惫，进而使视觉神经瘫痪，最后麻痹大脑中枢神经系统，从而进入意识模糊、身心放松的浅度催眠状态。

天花板凝视法

天花板凝视法适用于习惯逻辑分析与判断的人，它能够很好地分散过于强烈的意识注意力，让潜意识的能量自然呈现，自然进入催眠状态。使用凝视法诱导受催眠者的过程中，还应该给予身体放松指示，及时消除各种不适感觉带来的干扰。具体如下：

先让受催眠者舒展一下身体，做一个深呼吸，让身体放松下来，然后以舒适的姿势坐在椅子上，或者是靠在沙发上，双手以自己觉得轻松、舒适的姿势放好。让受催眠者用轻松的方式，在天花板上选择任何一点，并且将注意力完全集中在那一点上。然后，催眠师开始进行诱导："现在，你的身体非常轻松，非常舒适，你所有的注意力都在那一点上，你将注意力完全集中到了那一点上……你将注意力完全集中到了那一点上……当你看着那一点时，你会觉得自己变得很累，你的眼睛会变得很累，你的腿会变得很累，你的全身都会变得很累……你的全身都变得很累……当我从1数到20时，你将会慢慢地闭上眼睛，进入很深很放松的状态……现在，你很轻松地看着那一点，你的整个身体都非常放松了，变得越来越累了，你的眼皮也越来越重了，它们开始闭上了，你的眼睛开始闭上了，闭上眼睛会觉得非常舒适，你非常享受眼睛放松后的感觉，非常享受眼睛无力的感觉……你再也不想睁开眼睛了，而且你越想睁开反

而越睁不开，不信你试试……当我从1数到20时，你将会慢慢地进入很深很放松的状态。1……2……3……4……5……你现在变得越来越累，眼睛已经睁不开了。6……7……你现在越来越放松，越来越放松。8……9……10……11……越来越放松，越来越放松。12……13……14……15……16……当我数到20时，我轻轻地碰一下你的肩膀，你就会进入很深很放松的状态。17……18……19……20……完全放松……进入很深很放松的状态，很深，很放松……让你的头脑完全安静下来，你的心灵和身体将合二为一，只要你的头脑安静下来，你的身体放松下来……你的心灵和身体将合二为一……"

墙壁凝视法

墙壁凝视法适用于那些心思、想法比较多，注意力很难集中的受催眠者。墙壁凝视法的关键是一边放松，一边凝视，同时保持紧张和放松。此法简单易行，可操作性强，成功的概率较高，大多数人都可以通过此法进入催眠状态。具体如下：

先让受催眠者舒展一下身体，做一个深呼吸，让身体放松下来，然后以舒适的姿势坐在椅子上，或者是靠在沙发上，双手以自己觉得轻松、舒适的姿势放好。然后催眠师开始进行诱导："请自然地坐好，将身体放轻松……保持深呼吸，每一次的呼吸，都让你进入更放松、更舒适的状态……深呼吸……放松……很自然地，很放松地，你什么都不必想，什么都不必想，很快就会进入很放松，很舒适的状态……现在请你看着前方的墙壁，把你的目光注视在正中央的那一点上，固定在那一点上，非常专心地，放松地凝视……非常专心地，放松地凝视……一边凝视，感觉到你的身体会越来越放松，越来越舒适……在你注视那一点的时候，你会感觉到身体会越来越放松，越来越舒适，整个人越来越安静，念头越来越少，越来越安静……现在，你感觉到身体更放松了，更舒适了，更安静了……你呼吸的速度变得越来越慢。慢慢地，你感觉到你的眼皮一点一点地越来越沉重，越来越沉重……继续专心地凝视那一点，有时候你会忍不住眨一下眼睛，这是很正常的，你每眨一次眼睛，你就更接近于催眠状态……你的身体越来越放松了，越来越舒适了，你的念头也越来越少了，越来越安静了……好像，你静静地置身于另外一个时空……你只会听到我的声音，外面其他的声音会变得好像从远方传过来……你的身体越来越放松了，越来越舒适了，你的念头也越来越少了，越来越安静了……你的眼皮越来越沉重……越来越沉重……你的眼睛开始闭起来了，慢慢地闭起来了……你的眼睛已经睁不开了，慢慢地闭起来了……享受那种闭上眼睛的放松的，舒适的感觉……当你的眼睛一闭起来的时候，你已经进入催眠状态了……"

催眠师先以令其享受舒适的感觉为"诱饵"，然后过渡到与之相关的放松，特别是无力的感觉，最后归结到检测落脚点——眼睛无法睁开。人的身体变得舒适起来，这是一个逐次累进的逻辑进程，当然，这也需要催眠师的耐心，循序渐进的凝视法为当事人无法睁开眼睛提供了充足的理由。

深呼吸法

要想使受催眠者进入催眠状态，一个很重要的条件就是消除紧张，因此，深呼吸是一个非常好的催眠诱导方式。如果受催眠者知道如何控制自己的呼吸的话，将会非常有利。

深呼吸法的原理是通过深呼吸使受催眠者把注意力集中起来，更好地倾听催眠师的诱导与暗示。具体如下：

在实施深呼吸催眠诱导时，需要先让受催眠者处于一个非常舒适、非常安静的环境，采取一个非常舒适的姿势坐在椅子上，或者靠在沙发上。然后催眠师进行暗示："现在，你坐在这里，感觉很舒适，很放松……请你全身放松，微微地闭上眼睛，慢慢地呼吸……先深深地吸一口气，然后慢慢地吐出来，把胸中的气吐完之后，再深深地吸气，然后慢慢地吐出来……好，自己接着做，每做一次深呼吸，深深地吸气，慢慢地吐出来……你的所有紧绷状态完全消失……你会随着每一次的呼吸更放松……你会感觉到你的身体更加放松，进入到了催眠状态。"

这种深呼吸诱导法要求受催眠者能够轻松、自然地进行深呼吸，如果他们在深呼吸时过分地用力，使劲地吸气或者吐气，就会感到身体不适。如果出现这种情况的话，催眠师要马上指导受催眠者轻轻地、慢慢地自然呼吸，不要过分地用力，要做到很自然、很放松。而且需要注意的是，做深呼吸的时间不能太长，否则就会使受催眠者产生疲劳感，一般来讲，做10次左右就可以了。然后，催眠师接着暗示受催眠者："你全身放松，全身都放松……你很想睡，你的身体很沉，很沉……你很想睡，你的身体很沉，很沉……你马上就要睡着了。睡吧……　身体很沉……很沉……越来越沉……你马上就要睡着了……"

这个时候，受催眠者就很容易进入催眠状态了。受催眠者仿佛听到这个声音是从极远的地方传来，从他的一侧耳朵传入了大脑，在他的身体内与他的血液一起流动，然后又从另一侧耳朵离开了身体，飘然而逝。在这种自然、静谧、舒适的气氛与感觉中，受催眠者不知不觉间就失去了一切抵抗，全部的身心都沉浸在一种不可思议的美妙的余音中。在状态突破之后，一定不要忘记让受催眠者认真体验一下自己此时此刻舒适的感觉，否则催眠的效果会大打折扣。

PART 04
如何进入深层催眠状态——催眠深化

催眠深化，催眠诱导的延续

进入催眠状态的人受到暗示有可能使催眠深化，也就是说，当受催眠者进入催眠状态之后，继续对其进行催眠，那么受催眠者就会从轻度催眠进入到更深的催眠状态。催眠深化的用意在于使受催眠者更加深入地进入催眠状态，其中深化的技巧在于诱导受催眠者更专注在一件重复操作上，如此潜意识能更容易接受暗示。简言之，催眠深化环节是催眠诱导的延续，催眠深化法是用来加深催眠状态的方法。

在催眠深化这一环节，经常出现这样一个问题：当受催眠者被诱导进入更深层次的催眠状态时，如果催眠师要求受催眠者做出一些违反常态的动作，或其暗示涉及受催眠者的敏感问题，那么，受催眠者或许是绝对服从及真实地回答，或许会出现特别强烈的抗拒行为。如果出现抗拒行为，是因为催眠师没有把握好使受催眠者进入深层催眠状态的时机。对此，催眠师应当特别谨慎，不可操之过急，注意观察受催眠者任何细微的反应，根据这些反应再做出相应的调整，以便于受催眠者能更好地进入催眠状态。

在催眠深化环节，催眠师可以根据受催眠者不同的情况来进行选择。有人说，催眠的深化是随机应变的，技术的运用完全依赖于催眠师的想象能力，是即时创造发挥出来的。的确，在一定意义上来讲，催眠师有多高的想象能力，就有多么高超的催眠深化方法。不过，常用的深化方法是一定要掌握娴熟的。除此之外，还要勤加练习，并且要学会用敏锐的眼光去抓住受催眠者的动态，一旦催眠师抓住了这个机会，就可以顺利进行催眠深化的环节。

反复诱导进行催眠深化

反复诱导法是一种清醒与催眠多次交叉、重复进行的，将催眠引向深入诱导的技术。所谓的"清醒"，并不是指完全的清醒，而是指受催眠者被唤醒但还滞留在催眠状态的一瞬间。这个时候接着又进行催眠的话，就很容易再次将受催眠者引入深一层的催眠状态。催眠师必须要在受催眠者还没有完全苏醒以前，再次引导其进入催眠状态，这是重点所在。如果催眠师诱导后发现受催眠者仍未进入或进入较浅的催眠状态，也不必心急，再一步一步地反复暗示，逐渐加深催眠，只有坚持下去才会成功。具体操作如下：

催眠师对处于催眠中的受催眠者暗示："当我的手拍三下的时候，你就清醒过来了。"说完，催眠师就要拍三下手，见受催眠者的眼睛睁开之后，立即进行暗示："现在，请你的眼睛看着我的手指尖，看一会儿……是的，自然地、放松地看着我的指尖，看一会儿……现在，你的眼皮又开始沉重了，又开始沉重了……我的指尖逐渐的朦胧起来……朦胧……你的眼皮很重……很重……你会进入到比刚才更深一层的催眠状态……"见受催眠者的眼睑下垂了，催眠师进行暗示："是的，你的眼皮已经沉重得睁不开了，睁不开了，你现在已经进入更深一层的催眠状态了……静静地闭上眼睛吧，好，闭上眼睛……闭上……你比刚才更轻松了，更舒适了……"当受催眠者完全闭上眼睛之后，催眠师立即又进行暗示："当我的手拍三下的时候，你就清醒过来了……我每拍一下，你就更加清醒……"然后，催眠师拍三下手，重复刚才的催眠过程。

就这样反复、交叉进行几次，催眠师就能将受催眠者引入深度催眠状态。经过反复诱导催眠后，受催眠者就会自我感觉良好，逐渐恢复健康。

身体摇动法

身体摇动法是以"运动暗示"为主体的深化方法。身体摇动法操作起来比较简单，实用性高，效果也比较明显，因此被广泛应用。

在开始身体摇动法之前，催眠师一定要了解受催眠者经过催眠诱导而进入的催眠状态达到了什么程度，一定要选择适合这个阶段的深化法。因为身体摇动法主要适用于将受催眠者从较浅的催眠状态引向深度催眠状态，所以身体摇动法既可以单独使用，也可以用于其他催眠深化方法的前驱步骤中。

催眠师在使用身体摇动法后，需要仔细观察受催眠者脸上的表情是否变得柔和，呼吸节奏是否变长，身体肌肉是否放松了。这样就可以评估受催眠者是否进入了催眠状态。具体操作如下：

当受催眠者经催眠诱导进入催眠状态中，催眠师让其坐在椅子上，头下垂，上半身尽可能地保持向前倾的姿势，这样有利于受催眠者身体的摇动。催眠师双手按住受催眠者的肩膀，稍稍用力摇动，并暗示："当我开始摇动你的身体时，你身体的力量就要放松，你就会进入更深层的催眠状态……好，我现在在摇动你的身体，你要放掉你身体里的力量……好，放掉你身体里的力量，放松，进入深层催眠里……你的身体开始朝左右用力地摇动了……"催眠师一边暗示，一边不断地摇动受催眠者的身体，受催眠者就会不由自主地摇

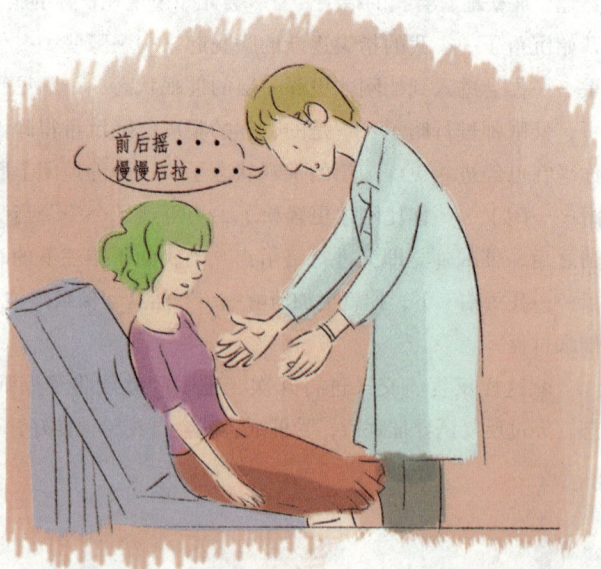

前后摇···
慢慢后拉···

晃起来。这时，催眠师放开手，并接着暗示："就算我放开手，你也会继续摇动……是的，你的身体在那儿大大地摇动着……是，摇动得更厉害了……摇动的时候，你就能放松全身的力量，觉得非常轻松，非常舒适，心情非常愉快……现在，你的身体摇晃得更大了……好，不要停止，继续摇动……大幅度摇动……你感到越来越舒适……心情越来越愉快……放松全身的力量……摇动……"在持续给予这些暗示时，受催眠者身体的摇动幅度会逐渐地扩大。

当受催眠者的摇摆幅度一直在增大时，应暗示："当我数到3以后，你的身体就会向前后摇。1……2……3……现在，你的身体已经在向前后摇了……"受催眠者的身体向前后摇动时，催眠师应当将手置于受催眠者的肩膀上，然后暗示："现在，你的身体一边摇动，你的头就渐渐被拉向后面……是的，你的头又被向后拉了。"这个时候，催眠师应轻轻按住对方的肩膀后方，接着暗示："你的头在一直向后拉……对，一直向后拉，你的身体也向后拉了……"催眠师一边给予这样的暗示，一边让受催眠者的身体向后靠。

催眠师接着暗示："你的身体被拉到后面了……"由于受催眠者是坐在椅子上，所以他的头会变得不稳定。催眠师接着暗示："就算你的头被拉到后面，我也可以用手接住……"这些话可以安定受催眠者的心，使他能放心向后靠。接着，催眠师暗示："你身体的力量更加放松了……现在，你的头下垂，下垂以后，你会觉得更轻松……现在，你的头在下垂……下垂以后，你会觉得，整个人都轻松了……变得轻松、舒适……下垂以后、更轻松，更舒适了……你觉得更轻松了、更舒适了……"这样，受催眠者就能够进入更深层的催眠状态中了。

意象法

意象法就是受催眠者主观的思维和客观的自然情景结合，使受催眠者成为想象的主角，从而使受催眠者进入深层催眠状态的方法。意象法中所描绘的想象，可以是任何自然情景。最常利用的意象情景是阶梯、深谷花园和海滨。催眠师的想象力越丰富，描述越逼真，就越能够使受催眠者从暗示中浮想出具体的形象来。

阶梯法

催眠师进行暗示："想象你现在正站在白色楼梯的最顶端……在你眼前，看见了红色的牌坊，有阶梯向下延伸……是的，你能够看到白色的阶梯了……看到白色的阶梯以后，请举起你的右手向我做出一个信号……好，现在，慢慢地，一级一级地走下这个白色的阶梯……对，一级一级地，慢慢地走下去……是的，每向下走一级，你就会越轻松一些……好，一级再一级，慢慢地走下去……你感到非常轻松，非常舒适……非常轻松……非常舒适……渐渐地，你就能进入到深层催眠状态了……是的，一级又一级，你终于到了最后的第十级……是的，一直走到下面去，走到了最后的一级……渐渐地，你已经进入深层的催眠状态了……进入更深、更舒适的催眠状态了……"

就像这样，以视觉上的想象，利用红色或者白色等能使受催眠者明确想象的色彩，或者是在数梯的时候能够明确暗示出一个终点，使受催眠者身临其境，都能够产生非常好的催眠效果。

深谷花园阶梯法

有的催眠师喜欢采用深谷花园阶梯法。这种方法要求受催眠者想象他们正置身于一个非常美丽的花园之中，阳光明媚，微风和煦，鸟语花香，花丛间有蝴蝶在翩翩飞舞，蜜蜂在轻轻地歌唱。脚下的泥土踩上去松软如毯，远处林木葱郁挺拔，灌丛铺天盖地，高山草甸，蓝天白云，让人心旷神怡⋯⋯

这种美好的情景安排妥当之后，催眠师便指导受催眠者从花园里穿过，一直走到一个通往下面的深谷花园的阶梯前。这时，催眠师再暗示受催眠者，当他一步一步地走下台阶时，其催眠状态也会随之渐渐加深。在到达底部时，通常要求受催眠者再走几步，来到一个清澈而平静的水池前面。安排这个水池的主要目的是，受催眠者可以从水池中看到催眠师所暗示的任何东西。或者看到那些对于自己特别重要的东西，湖水就是受催眠者内心的折射，催眠师此时要求受催眠者将其所见到的事物进行详细的描述，之后再根据受催眠者本身情况做出合理的安排。

海滨法

除了阶梯，深谷花园阶梯，还一种情景经常被利用，那就是海滨。想象那美丽的波涛在沙滩上涌散，和煦温暖的阳光洒在身体上，耳边是海鸥清亮而婉转的叫声，脚趾间塞满了醉人的沙土，所有这一切都能给受催眠者以丰富、美好的想象。海滨法和阶梯法的操作程序基本相同，只是暗示的要点在于使受催眠将注意力集中到自己的脚步上，每走一步，都感觉到脚又向沙土里深陷了一些，同时也能感到自己进入了越来越舒适的催眠状态。当然也可以适当加入帆船与微风等细节描绘，使其更加逼真。

在意象法中，视觉的想象更具有效果。随着上述意念的不断深入、身体的不断放松，受催眠者不久即可进入催眠中去。当然，如果将意象法与数数法联合起来使用，其效果可能会更好。

第三篇

每个人都可以成为催眠师

PART 01
神奇的瞬间催眠术

10秒之内将你催眠

只要在3分钟之内使受催眠者进入催眠状态的催眠方法，就可以称之为瞬间催眠。瞬间催眠最理想的时间段是在10~30秒之间。这种方法的原理是基于受催眠者对催眠术及催眠师的信赖所产生的预期作用而致。

瞬间催眠术又叫作快速催眠术，但是快速催眠术和瞬间催眠术并不是完全相同的。快速催眠不是完全意义上的瞬间催眠。快速催眠的正确定义是，在极短的时间内使受催眠者完全进入催眠状态的催眠方法。如果想使受催眠者尽快进入催眠状态，通常都需要受催眠者的主动配合，对催眠师持信任态度，否则催眠就很难成功。实际上快速催眠更适用于催眠敏感度比较高，或者是对于催眠要求比较迫切，以及拥有催眠疗法的成功经验的受催眠者。由于他们受暗示性比较高，放松得比较快，所以进入催眠状态也比一般人要迅速。而我们所说的瞬间催眠，基本上已经脱离了普通的催眠诱导方式，它甚至可以不需要受催眠者的主动配合。

瞬间催眠术对于时机的把握是重点中的重点。任何人都有一个容易接受暗示的最佳时机，如果错失这个最佳时机，基本上就不可能顺利地施加暗示了。可以说，瞬间催眠之所以会成功，主要是因为一些敏锐的催眠师感受到受催眠者细微的内心变化，从而抓住了那一瞬间；而瞬间催眠的失败，基本上也

都是因为催眠师没有把握好催眠的
最佳时机。

　　另外，一定要注意的是，瞬间催眠可能会对受催眠者造成不同程度的惊吓，对受催眠者产生一定的负面影响。所以，催眠师在进行催眠治疗时，要尽可能少用或者不用瞬间催眠。如果确实有必要使用，必须严格制订实施方案，严肃遵守行业规范。并且，在实施催眠的过程中，催眠师务必细致观察受催眠者任何细微的反应，以便于出现情况后进行及时处理。

催眠前的暗示是重点

　　大家应该都听说过，假如催眠师暗示受催眠者将在10分钟之后被催眠，受催眠者就会在10分钟之后进入催眠状态；如果暗示受催眠者将在5分钟之后被催眠，受催眠者就会在5分钟之后进入催眠状态。以此类推，假如催眠师暗示受催眠者将在一瞬间被催眠，受催眠者就会在一瞬间进入催眠状态。

　　这段描述听起来有点牵强，实际上，其可行性的关键就在于在施加瞬间催眠术的时候，要把整个催眠前的暗示重点对待。这也是催眠术成功的核心所在。与前面所说过的催眠方法一样，催眠师之前要向受催眠者进行必要暗示，经过暗示后受催眠者摒除了自我的观念，就能很快地进入催眠状态。

　　比如说催眠师要求受催眠者直立，双脚并拢，做几次深呼吸，然后彻底放松全身肌肉，尤其是要消除积压在胸部的紧迫感。催眠师可以询问一下受催眠者是否感到轻松，如果受催眠者点头或者轻声回话，就说明施行催眠的时机已到。此时，催眠师就应该马上要求受催眠者闭上双眼，并且要在进行瞬间催眠之前进行如下暗示："当我大叫一声'睡吧'，你就会突然进入催眠状态，顿时感觉全身松软无力地往后倒下去。"然后，催眠师一手扶住受催眠者的腰背部，一手轻轻按压住受催眠者的头顶部，继续如下暗示："你现在已经开始感觉到松软无力了，你的身体已经开始晃动……晃动幅度越来越大……晃动得越来越明显……好，继续晃动……"这个时候，受催眠者的身体就会随之晃动，这说明受催眠者已经接受暗示——这就是进行瞬间催眠的最佳时机，催眠师应当抓紧时机继续暗示：

"准备好，你马上就要进入催眠状态了，我放在你头上的手一松，你就会立即入睡。往后倒，不要担心，我会扶住你的，注意！要进入催眠状态了！"这个时候催眠师立即大叫一声："睡吧！"同时松开压在受催眠者头上的那只手，用双手扶住进入催眠状态之后突然后倒的受催眠者，然后让受催眠者坐在沙发上或者躺在床上。

可见，催眠师将必要的暗示全部集中在前暗示之中，就可以很容易地将受催眠者在瞬间导入催眠状态。但是有一个问题催眠师一定要注意：一定要把握好进行瞬间催眠的最佳时机。

一般来说，催眠师在做完前暗示以后，要在不早不晚恰到好处的时机对受催眠者施加瞬间催眠的暗示。假如施加过早的话，前暗示就不能充分地发挥其作用，而假如施加过晚，又会让受催眠者心生疑虑，不能很快地做出明显的反应。所以，施加瞬间催眠暗示的工作是催眠成功的关键。

在以上的例子中，当催眠师暗示说"晃动越来越明显……"时，受催眠者的身体就会晃动，说明受催眠者已经接受了暗示——这就是施加瞬间催眠的最有利时机。只要催眠师细心观察，利用好这一时机，就可以成功地进行瞬间催眠。

瞬间催眠的方法

压手法

压手法可以说是最简单容易而强有力的瞬间催眠方法，催眠师通过压手法可以瞬间诱导出受催眠者深度的催眠状态，压手法的具体操作如下：

催眠师要求受催眠者用力往下压催眠师的手，在受催眠者往下压的时候，要求闭上眼睛。当受催眠者闭着眼睛往下压催眠师的手时，催眠师的手突然从受催眠者的手下抽离，制造出一种持续时间非常短的爆发反应，这个爆发反应最多持续两秒钟。在这个两秒钟的"瞬间"，受催眠者心里会突然有种落空的感觉，因为压不到催眠师的手，所以产生短暂惊愕的效应，此时受催眠者就处于一种高度的被暗示性的状态。

这时，催眠师应该抓住时机，用一种绝对权威的语气暗示："睡！"这样就可以在瞬间诱导出深度的催眠状态，当然，如果没有立即接着进行深化暗示的话，受催眠者很可能就会醒过来。所以，在这个时候，催眠师必须立即进行短而简单的深化暗示，如："放松，放松，好，继续放松……随着你每一次的呼吸，你会更加放松……当我轻轻摇晃你的头时，你的脖子会感到非常轻松，非常轻松，你感觉到一种松弛通过了你的整个身体……好，放松吧，放松地睡吧……睡吧……此时你已经非常放松了……非常放松……全身心都放松下来……好，继续睡吧……睡吧……你已经进入了深深的催眠状态……"

这种压手催眠法，可以简单地概括成8个字："压我的手……睡……放松……睡！"虽然压手法是瞬间催眠方法中最为简单容易的，其效果却是相当强有力的，因此被广泛使用。

贴额法

贴额法是指利用受催眠者将手贴在自己的额头所引起的生理反应，从而接受暗示进入催眠状态的方法。在国际催眠界，贴额法是一种非常具有影响力的手法。

贴额法的操作非常简单，只需要对受催眠者做出如下的暗示：

"请将你的右手（或左手）紧紧地贴在额头上，从手腕到指尖全都紧紧地贴住……不要放开……

要紧紧地贴住，手掌和额头之间不能一点儿空隙……手掌和额头紧紧依靠在一起……保持这个状态，当你听到我说'好'的时候，你的手马上就要固定在那里，不可以离开额头了……好！你的手已经不会离开了，无法离开了……你可以放下来试试看，好，放不下来了……"可能会有人怀疑，就这么简单的动作和语言就能够使受催眠者进入催眠状态吗？不需要其他的指令或暗示了吗？

实际上，贴额法的原理是这样的：假如人的额头部位的毛细血管受到一定程度的压迫，上升到人脑的血量自然也就会相应减少，分辨能力也就会相应地减弱，从而更容易接受来自催眠师的专业暗示。以前很多催眠师在实施催眠的时候，都会抱着受催眠者的头，并用力按压其额头，使其进入恍惚状态。

如果想要贴额法取得更大的成功，还需要其他的条件，比如催眠师要懂得巧妙地利用人类的大脑和肌肉之间的关系。有这样一个催眠实验：催眠师要求受催眠者直立身体，双手垂直向下贴住身体的两侧，也就是保持"立正"的姿势不动。然后，受催眠者一直保持这个姿势，催眠师从背后抱住受催眠者。这时催眠师双手开始用力，而受催眠者则会借着这股力量，试图把双手向外打开。这样进行20~30秒以后，催眠师突然不再用力，松开双手。这时，受催眠者的双手就会产生一种自然向上抬的感觉。为什么受催眠者会感觉到自己的双手自然向上抬呢？在受催眠者双手用力向外打开的时候，会不自觉地慢慢地发力，他的大脑也就随之逐渐地兴奋起来。当催眠师的双手松开时，受催眠者大脑的兴奋却并不会马上消失，它还会处在这种兴奋地状态下，即使受催眠者不再用力了，但是他的双手

手紧贴

不留空隙

却还会不由自主地向上抬。

假如在实施这个方法时能够把握好节奏，即使是初学者或者是进行自我催眠，其成功的概率也是非常高的。

惊愕法

在进行催眠诱导的方法里，经常有一些加强语调的暗示——这种暗示含有一定的惊愕效应。当受催眠者就要进行非暗示内容的行动，有可能惊醒的时候，催眠师应当马上大声暗示："不要动"，"不能看其他地方"等，那么在瞬间惊愕的效应中，受催眠者就会照常进入深深的催眠状态。这同时也是一种强行催眠法，这种特殊方法就是选择受催眠者毫无戒备的状态下突然施加暗示，从而使其不自觉地进入催眠状态。

人类在处于惊愕状态的时候，身心都会在一瞬间呆住，变得精神空乏，思考自然也受到了抑制，就会不知道下一步该干什么。"惊愕瞬间催眠术"就是利用了这个简单的原理，在这个特定的瞬间里施加暗示，使得受催眠者能够快速进入深深的催眠状态。

传统的惊愕瞬间催眠法通常是让受催眠者凝视眼前呈V字形的两根手指，等到受催眠者的意识已经全部集中在催眠师手指上的时候，催眠师就会把手指突然猛向前推进。在这时，受催眠者就会因为惊愕而将眼睛闭上，催眠师就顺势将手指轻轻按在受催眠者的眼皮上，并进行如下暗示："现在，你已经没办法睁开眼睛了！"假如一切进展顺利，受催眠者就会无法睁开眼睛，于是催眠就进入了稳定状态中。如果受催眠者顺利地睁开了眼睛，那么催眠师就应该改变催眠战略，寻找适合受催眠者的催眠方法。

传统的惊愕瞬间催眠法经过多年演变，如今已经发生了诸多改变。例如，在刚开始诱导时，诱导受催眠者的注意力已经不仅仅是集中于催眠师的手指上，也可以是其他的某一点或者某一物。催眠师的操作如下：当受催眠者将注意力集中到某一点或某一物时，催眠师此时要把握好时机，迅速将手指伸近受催眠者的两眼，在距离受催眠者的眼睛2~3厘米的地方突然停住，受催眠者就会因吃惊而闭上双眼。紧接着，催眠师立刻将受催眠者闭合的双眼按住，用坚定有力的口吻，大声地、命令式地暗示："双眼紧闭，不许睁开。"催眠师继续暗示："身体向后倒，进入深度催眠，放心，我会接住你的。"稍等一会儿，催眠师就可以把手拿开，并托住受催眠者向后倒的身体，让其自然地躺着床上或靠在椅子上。这个时候，受催眠者的眼皮就会跳动，代表着他已经顺利进入了催眠状态。

当催眠师将一个人催眠之后，对周围的其他人也就很容易施加该法了。比如，催眠师可以突然转向另一个人，并盯住他的双眼，大声地说："你的身体已经紧紧地贴在椅子上了，怎么也离不开了。"说话的同时把手指向这个受催眠者，而这个受催眠者因为观看了刚才的催眠实验或表演，会完全信服"一定是这样"，不由自主地接受了暗示，顺利地进入催眠状态。

在舞台表演中，催眠师经常会使用一种所谓的"吆喝术"，其实也就是惊愕法的演变。所谓的吆喝术，就是表演的催眠师突然大喝一声，引起受催眠者注意，使受催眠者陷入瞬间无所适从的惊愕、精神空虚状态，而这种状态也是一种渴望他人进一步指导其意识行动的状态。催眠师把握好这个时机，紧接着只要施加暗示诱导就可以了。

在催眠治疗中，除了在特殊情况下使用惊愕瞬间催眠法之外，一般不推荐使用这种方法。催眠师应当根据不同的需求和目的，采用不同的催眠方法，这样才会达到事半功倍的效果。

PART 02
轻松掌握11种催眠方法，晋升催眠师

躯体放松法

受催眠者根据催眠师的暗示，通过躯体放松而进入催眠状态，这种进入催眠状态的方法就是躯体放松法。实施躯体放松法之前对受催眠者进行放松说明和适当的训练是十分必要的。

那么，躯体放松是如何使受催眠者进入催眠状态的呢？对于这个问题，首先需要指出的是，使躯体放松是一种非常符合生理学原理的医学技术，这种技术绝非人人生而有之。那些催眠敏感度比较低的人，以及知识贫乏、智力偏低的人，往往很难做到躯体的放松，甚至对什么是放松都不是很明白。因此，在我们正式

实施催眠之前，对于那些要实施躯体放松法的受催眠者，催眠师需要对放松的概念、意义、方法等进行必要的说明和介绍，并对受催眠者进行适当的训练。只有这样，才能奠定躯体放松法的成功基础。在受催眠者放松的过程中，需要一边聆听催眠师的引导，一边积极地配合，整个人处于很自然的、什么都不去想的状态，受催眠者只是跟着催眠师的引导，就能够很快会进入很放松、很舒服的状态。

一般情况下，躯体放松法的具体实施步骤是这样的：让受催眠者仰卧在床上，任其选择一个他自己感到最为舒适的姿势静静地躺着，将手表、皮带、领带等有可能对人体产生束缚的物品摘去。受催眠者静静地躺上几分钟之后，催眠师开始下达放松的暗示。放松的顺序一般来说是眼皮放松、面部肌肉的放松、颈部肌肉的放松、肩部肌肉的放松、胸部肌肉的放松、腹部肌肉的放松、脚部肌肉的放松，最后是手臂的放松。当受催眠者完全进入放松状态以后，就可以迅速导入催眠状态。躯体放松法简单易学，效果立竿见影，同时也可以配合深呼吸疗法、按摩疗法等，适用于每一个人。但是在进行放松的过程中，一定要注意下列问题。

第一，应当反复暗示，使受催眠者做到反复放松。

催眠师对受催眠者某一部位的放松一定要进行不厌其烦的反复暗示。比如，催眠师可以这样说："把你的手臂放松……手臂再放松……再放松……继续放松……好，现在看得出来，你的手臂已经很放松了，但是我要求你还要继续放松……将你的手臂继续放松……好，接着放松你的手臂……再放松一些……再放松一些……尽可能地放松……好，做得非常好，再放松一些……再放松一些……好，继续放松……放松……让手臂深深地放松……放松得越来越深……越来越深……你的手臂已经完全地放松下来，它们很自然地放在舒适的地方，现在你可以做一个深深的呼吸，让你自己进入更舒适的催眠状态……"

如此反复地暗示，并且使受催眠者随之做到反复的放松，就可以使受催眠者的注意力高度集中，全身也会随着手臂放松而放松，整个躯体放松也使受催眠者易于进入催眠状态。

第二，在放松之后应当发出舒适、愉快的暗示。

为什么一定要在受催眠者放松之后做出这样的暗示呢？这是因为，在身体得到彻底的放松之后，人确实可以体验到催眠师所说的那种舒适、愉快的感觉。如果在放松之后又发出这样的暗示，让受催眠者做这样的体验，既可以增加受催眠者与催眠师之间的默契的程度，更可以达到使受催眠者注意力高度集中的目的。另外，伴随着这种轻松、舒适、愉悦的感觉，受催眠者的躯体完全放松，自然地进入最深的放松状态，那么，埋藏在人们深层心灵世界中的反暗示防线是最容易被冲垮的，也就最容易进入到理想的催眠状态中。

第三，注意留出足够的时间，使受催眠者充分体验舒适愉快的感觉。

在令受催眠者彻底放松身体，并且让受催眠者体验到了放松之后舒适、愉快的感觉之后，应当留出足够的时间，使受催眠者能够充分体验舒适愉快的感觉。假如催眠师发出了一个暗示，受催眠者还没来得及体验，催眠师就紧接着发出了另一个暗示，那么受催眠者就无法感觉到放松，以及放松之后的舒适感、愉悦感。这些感觉的体验都需要一段足够的时间，而具体的时间掌控需因人而异，所以催眠师要注意根据受催眠者的情况来预留时间。许多催眠术的初学者在采用躯体放松法对受催眠者进行催眠时却不起作用，这往往都是由于没有留出足够的时间让受催眠者来充分体会而所造成的。

第四，跳跃进行的继续暗示，使受催眠者放松。

在一些个别的情况下，进行一次从眼皮到手臂到腰部最后到足部的全过程放松，仍然不能使受催眠者进入催眠状态，尤其是那些初次接受催眠的人。此时催眠师应该怎么做呢？这个时候，催眠师应当心平气和地对受催眠者继续进行暗示，努力使受催眠者放松。不过，这个时候的放松一定要注意一个重要的细节问题，就是不能再从眼皮到手臂到腰部这样重演一遍，而是应当在躯体的各部位之间跳跃进行。之所以要在躯体的各部位之间跳跃进行，是因为如果再依原来的顺序依次进行，受催眠者就会很自然地产生一种预期心理，当放松到颈部的时候，受催眠者就会这

样想：嗯，下一步就该是放松肩部了。如果受催眠者产生了这样的预期心理，那么就会直接妨碍他注意力的集中，而这样就更加难以进入催眠状态了。如果催眠师的暗示从颈部突然跳跃到脚步，受催眠者就会感觉出乎自己意料之外，于是就会将分散的注意力再次集中起来，用心去听催眠师的下一步暗示，这样一来，就能顺利地进入催眠状态了。

第五，舒适的按摩，大大增进受催眠者躯体放松的效果。

有时，虽然经过催眠师的反复暗示，但是受催眠者的躯体放松状况还是不足以达到进入催眠状态的要求。这个时候，如果以按摩催眠法作为辅助，就可以极大地增进受催眠者躯体放松的效果，进而使其迅速进入催眠状态。在受催眠者躯体难以放松的情况下，催眠师可以这样告诉受催眠者："现在，我开始给你按摩……轻轻地按摩……你尽可能放松……好，放松……继续放松……随着我的按摩，你的肌肉会越来越放松，你会感到越来越舒适……越来越放松……非常放松……非常舒适……你将越来越感到疲倦而进入催眠状态……"

催眠师可以一边暗示受催眠者进行放松，一边同时对受催眠者进行轻柔地专业按摩。在对受催眠者进行按摩的时候，催眠师需要注意的主要有以下两点：第一，按摩力度不能过重，也不可以太轻，如果过重的话，会使受催眠者感到不适，使其注意力不能很好地集中，而如果过轻的话，则又起不到按摩应有的作用。第二，按摩讲究方法，按摩皮肤的方向也是要讲究生理学依据的，应当以顺势而下为最佳，这是符合皮肤纹理及其构造的专业方法，这种方法能让受催眠者很快放松下来，并且顺利地进入催眠状态。

言语催眠法

在种类繁多的催眠方法中，还有一种非常神奇的言语催眠法。言语催眠法是指催眠师不需要任何道具，也不用受催眠者做出任何配合的动作，只是通过催眠师特定的催眠言语暗示，就可以将受催眠者导入催眠状态的一种催眠方法。催眠师的言语必须是积极的、易于接受的、正面的，绝对不能是消极的、具有伤害性的。

虽然言语催眠法是一种仅仅借助于语言来进行催眠的方法，看起来好像很简单，可实际上这种方法内在的要求要比其他方法高很多。如果催眠师的技术拙劣，不仅不会将受催眠者顺利地导入催眠状态，还有可能使受催眠者对催眠产生怀疑或者对催眠师产生反感。

在实施言语催眠法之前，催眠师有必要向受催眠者做出一些关于言语催眠术的必要说明和解释，讲清楚催眠术的原理以及种种益处，还要给予受催眠者一系列积极、正面的暗示。比如：你的智商非常高，情商也一样高，你这个人非常聪明，悟性很强，人格非常健全，心理非常健康，像你这种优秀的人是最容易进入催眠状态的。如果条件允许，可以让受催眠者来旁观已经进入催眠状态的其他受催眠者，或者让一些已经享受过催眠所带来的种种益处的受催眠者谈一谈自身的催眠体会。这样做主要是为了形成受催眠者积极而强烈的预期心理，完成一次明确的、具体的、有利的、对个人有积极意义的催眠治疗。

言语催眠法的具体施术步骤一般是这样的：先让受催眠者静静地坐在椅子上或者躺卧在床上、沙发上，让他安静地休息片刻，使其排除杂念，心情放松，精神安逸。然后，催眠师以鼓励性、正面积极的言语调动受催眠者的积极性，增进双方的感情交流，形成相互之间信任、默契的心灵感应。接下来，催眠师可以进行言语暗示。受催眠者通过言语催眠，在苏醒以后也会觉得精力丰富、精神振奋。

使受催眠者进入催眠状态的言语暗示，基本上都可以采用如下的一些言语："现在你静静地坐（躺）在这里，你感到非常放松……你的心情已经十分平静，平静得不能再平静了，你的心情非常轻松，非常愉快……外面的声音已经越来越模糊了，越来越小了。但是我的声音显得非常清楚，越来越清楚……现在，你对其他声音充耳不闻，只有我的声音你才听得十分清楚，你只专注于我的声音……你只能听得到我的声音……现在，你感觉非常舒适，很想睡觉……呼吸变得越来越平缓了，越来越平缓了，平缓了……随着这种平缓的呼吸，全身更加放松了，更加放松了，更加放松了……你的眼皮非常沉重，很想睡觉……你的眼皮非常沉重，想睡了……想睡了……不想睁开，也无法睁开……"

经过以上一番言语暗示以后，催眠师就可以开始对受催眠者进行催眠状态检测。比如，在暗示其眼皮非常沉重无法睁开，手臂非常沉重不能举起之后，可以要求受催眠者睁开眼睛或者举起手臂。如果受催眠者不能睁开眼睛或者举起手臂，那就表明受催眠者已经进入了催眠状态。这个时候，催眠师应当继续进行暗示："现在，你已经进入了催眠状态，感觉非常轻松，非常舒适……外面的声音已经越来越模糊了，越来越小了。但是我的声音显得非常清楚，越来越清楚……你只专注于我的声音……感觉非常轻松，非常舒适……非常轻松，非常舒适……你只能听得到我的声音……现在，你继续全神贯注地听我的指令，按照我的指令去行动……你只专注于我的声音……你只能听得到我的声音……按照我的指令去行动……"接下来，催眠师可以给出一个暗示使受催眠者完全进入深度的催眠状态。

催眠师在采用言语催眠法的时候，应注意的一个问题是：催眠师的语音、语调不仅要平和，还要沉着镇定；既要充满情感，又要坚决果断。而比这更为重要的是，催眠师要密切观察受催眠者任何的细微反应，注意观察受催眠者大致已经进入何种程度的催眠状态。根据观察结果来决定应该发出什么样的暗示语。如果催眠师的暗示语与受催眠者的状态不相符合的话，催眠师很可能就会失去受催眠者的信赖，如此一来，受催眠者的反暗示力量就会暗中产生、增强，对催眠师的催眠形成干扰，催眠成功的可能性就会大大降低。

抚摸催眠法

从古希腊时代开始，宗教人士就经常通过抚摸来治疗一些疾病，抚摸法在当时也是一种易于掌握和调节情绪的有效方法。值得肯定的是，通过抚摸确实可以使人的身体各部位得到彻底的放松，使心情愉悦。现在，抚摸催眠法已经成为一种最普通、最容易被接受，同时也最受受催眠者欢迎的一种催眠方法。

抚摸催眠法的原则就是协助受催眠者进行放松，因此在催眠放松诱导的时候，催眠师可以根据自己在暗示中所提出的身体部位，对受催眠者进行轻柔地抚摸。抚摸催眠法可以选择受催眠者的头部、前额、肩、上肢、下肢等进行抚摸，一边抚摸，一边还要施加暗示语。让受催眠者跟着催眠者的引导，很快就会进入很放松、很舒服的状态。

举例来说，催眠师在暗示受催眠者的头部很放松时，就可以轻轻地抚摸受催眠者的头部，有时也可以小心翼翼地摇晃受催眠者的头部。这样做，通常都能使受催眠者感到非常放松，昏昏欲睡。如果暗示受催眠者放松手臂、手、腹部或者腿部时，催眠师同样也可以轻轻抚摸这些部位，让受催眠者的肌肉和神经得到松弛，从而逐渐放松下来。

在进行放松诱导时，催眠师时常会添加一些躯体微微发热之类的暗示。这是因为，发热的暗示更能够促进受催眠者进行放松。在这种状况下，催眠师的抚摸能够帮助受催眠者更切实地体验到发热的感觉。经过一段时间的抚摸，受催眠者自然就陷入了催眠的状态中。

在对受催眠者进行必要的抚摸时，一定要注意，手势务必要轻柔，不能重压，避免受催眠者产生不舒适的感觉。另外，受催眠者如果为异性，催眠师在进行抚摸催眠时要避开受催眠者的敏感部位。

数数催眠法

数数法一般都是通过渐进式的放松来实现催眠的，简单地说，其特点就是在让受催眠者放松的时候加入了数数。这样一个看似简单的步骤，却可以大大提高了催眠成功的可能性。数数法的侧重点在于数数而不是放松，切记不可本末倒置。

数数法还有很多种实施形式，举个例子来说，可以采用正序数的数法，即从最低位到最高位检查正序数的每一位，也就是数字从小到大，依次来数。例如："1，放松……2，放松……3，放松……4，

10…放松
9…放松
8…放松
7…放松
6…放松
5…放松
4…放松

放松……5，放松……"也可以采用逆数法，也就是从高到低，从大到小来数。例如："10，放松……9，放松……8，放松……3，放松……2，放松……1，放松。"

还有一种方法是倒序减法数数，相对其他方法而言，倒序减法数数的专注程度比较高，因此也就更容易诱导受催眠者进入催眠状态。这种方法通常都是运用200减2的减法数数。在开始的时候，催眠师可以先协助受催眠者一起数数，然后催眠师再让受催眠者单独数。如果受催眠者经过了催眠师的协助之后，仍然不会数或者数数的方法仍旧发生错误，那么催眠师就需要继续协助受催眠者多数几次，直到受催眠者能够正确掌握为止。一般说来，受催眠者的暗示理解程度会有不同，所以催眠师要因材施教，如果催眠师能在数数的过程中夹杂一些积极正面的暗示语，效果则更好。

用倒序减法数数进行诱导催眠的时候，催眠师可以参考这样的暗示："现在的你非常放松，非常舒适，就这样轻松、舒适地坐着……好，请闭上你的眼睛，集中注意听我说，并根据我所说的去做……对，就这样轻松地闭着眼睛，你会感觉到非常舒适……现在，我们要做的是进行倒序减法数数……请注意听我说，按照我的方法数数。我们先从200开始，然后以200减2往下数，每数一个数，你就会体会到身体很放松的感觉……是的，每数一个数，你就会体会到身体很放松的感觉……好，我们现在开始倒数，注意听我的声音，跟着我的引导走……200，放松……198，继续放松……196，继续放松……194，再放松……192，放松……好，现在开始我们一起数数……200，放松……198，放松……196，继续放松……194，继续放松……192，再放松……"

催眠师一般都要带领受催眠者先连做几个倒序减法，然后催眠师突然停住，由受催眠者自己接着往下数。有些时候，受催眠者可能一时还弄不清楚这种减法数数到底是怎么回事，对催眠师的行为表示不理解。所以一旦催眠师停止倒序减法数数之后，受催眠者也就跟着催眠师停住不数了。这个时候，催眠师一定要有耐心，将这种倒序减法数数再清晰地、详细地向其重新介绍一遍，并带领受催眠者重新开始数数，仍然是从200开始："200，放松……198，放松……196，放松……194，放松……192，放松……"催眠师要耐心引导受催眠者，直到受催眠者能自己独立往下进行为止。

在数数催眠法的实施过程中，催眠师的注意力要高度集中，一定要心无杂念，只是随意地数数，不可能将受催眠者诱入催眠状态。当然，这种减法数数法也能较好地促使受催眠者集中注意力，并且达到一定的专注程度，从而使其更快进入催眠状态。

通过观念产生运动进行催眠

催眠师通过暗示受催眠者产生观念性的运动，也是可以将其导入催眠状态的。许多催眠大师认为，这是一种非常自然、简单易行而且成功率非常高的催眠方法。

通过观念产生运动主要有钟摆运动法与扬手法两种形式，我们分别来进行描述。

钟摆运动法

所谓钟摆运动法就是通过受催眠者的意念，使受催眠者手里拿着的用线吊着的重物随着暗示摆动，据此获得感受性。钟摆运动法源于我们前文所讲述的最古老的催眠诱导，它有点近似于凝视法。它也是一种常用的证明催眠暗示起作用的方法。钟摆运动法的具体实施可参考如下。

将一个铅锤或者其他类似的重物绑在一根线上，令受催眠者将拿着线的手放在桌面上，线的长度不能过长或者过短，以不让铅锤碰到桌面为准。然后，受催眠者两眼专注地凝视铅锤，思想必须高度集中。接着，催眠师发出这样的暗示："好的，凝神地注视这个铅锤……对，集中全部注意力在这个铅锤上……现在，铅锤已经开始向左右摆动……摆动在逐渐地加大……越来越大……你的眼睛也跟随着移动……左右移动……现在，铅锤已经摆动得很厉害了……摆动越来越大，摆动得很厉害了……你的眼睛也跟随着移动……左右移动……请注意看，摆动越来越大，摆动得很厉害了……你的眼睛也跟随铅锤快速地移动……移动……注意看……现在，你的眼睛已经有点疲劳……想要闭起眼睛休息一会儿了……你已经想入睡了……但是现在铅锤摆动得更加厉害了……你现在很疲劳，那就睡吧……睡吧……"

像这种由钟摆暗示而产生的观念运动，是比较容易使受催眠者产生反应的，观念运动越强代表受催眠者感受性越高，观念运动越弱，受催眠者的感受性就越低。虽然钟摆运动只能收到轻度暗示的效果，但是一般来说是可以使受催眠者进入浅度催眠状态的。

扬手法

扬手法的具体过程是这样的：催眠师命令受催眠者全身放松，尤其是要做到两肩的自然放松，放松程度以自我感觉舒适为宜。然后，令受催眠者两眼凝视催眠师右手的手指。催眠师对受催眠者开始进行暗示："好的，凝神注视我的手指……对，集中全部注意力在我的手指上……渐渐地，你的手在渐渐地有点发热，并且开始有点沉重的感觉……是的，你的手渐渐地在发热，并开始有沉重的感觉……这种感觉很奇妙，你过去从来没有体验过的，非常舒适……手越来越热……越来越沉重……越来越热……越来越沉重……现在，你仔细体验，一定能体验到这种舒适的感觉……继续体验……继续体验……非常舒适……非常舒适……"

当受催眠者体验到催眠师的手的温度和手的沉重感之后，进一步的暗示就应该立刻开始："现在，你右手的手指似乎很沉重……是的，你右手的手指似乎很沉重，好像不能动了……其实，你的那个手指正在微微地动着呢……是的，在微微地动着呢……如果你更为专注地凝视你右手的话，你会发觉自己的小指、无名指、中指、食指、拇指都在微微地动呢……是的，它们都在微微地动着呢……现在，请注意看正在动着的小指，你会发觉你的小指正往无名指的方向移动呢……是的，你的小指正往无名指的方向移动呢……请继续注视，你的小指已经越来越接近你的无名指了……是的，你的小指已经越来越接近你的无名指了……越来越接近你的无名指了……越来越接近了……现在，你的无名指也开始往上移动了，你的无名指、中指、食指还有大拇指也正逐渐往上移动呢……你的整个手掌都在渐渐地往上移动……是的，整个手掌都在渐渐地往上移动……都在渐渐地往上移动……越来越高了……此时，你感到你的精神非常恍惚，眼皮非常沉重，你的眼睛好像睁不开了，要闭起来似的……现在，你的右手很自然地，然而又是那样紧紧地贴在你的脸上……紧紧地贴在你的脸上……现在，你的眼皮非常沉重，你的眼睛已经睁不开了，要闭起来了……是的，你的眼睛已经睁不开了，它已经合起来了，你感到非常累，非常困……你

的精神已恍惚了……眼睛已经闭上了……闭上了……外面的声音已听不到了，只能听见我说话……周围越来越安静……安静……你想睡了，想睡了……现在，你的心情非常好，非常轻松……你的身体非常累，你感到非常困……非常困……你已经进入催眠状态了……"

联想催眠法

　　相信大家都曾有过这样的体验，当自己的一位同学、朋友或者同事无意之中这样问自己："你以前是不是也像今天一样，这么开心、这么迷人？"听了这样的话，你的脑海里是否联想起过去某些特定的美好时光，或者联想到自己与爱人、好友在这样的场景下的开心、愉快？你的思绪似乎慢慢地被那些美好的时光和开心的感觉牵引过去，眼前浮现的图像也越来越清晰，想象或回忆当时一幅幅动人的场面，深深地沉浸在里面，完完全全地陶醉了……

　　其实，这就是学术界所推崇的催眠术中的联想法则。在催眠术中，通过联想使受催眠者进入催眠状态的方法就叫作联想催眠法。具体来说，催眠师以详细、生动的言语性图像描述来引导受催眠者进行非随意性的想象和联想，让受催眠者充分体验催眠师所描述的那些生动的意象，这种情况被称为催眠性意象渗入。而通过催眠性意象渗入

使受催眠者进入催眠状态的方法就被称为联想催眠法。该方法适用于想象能力比较好的人。当催眠师开始进行场景或画面描绘时，受催眠者可以根据自己的潜意识来进行想象，最终达到理想的催眠状态。

联想催眠法能够使受催眠者放松对外在环境的把握与感觉，促进受催眠者接受催眠师的联想暗示，更快地进入到催眠状态。在此法中，受催眠者自身想象力的高低决定着受催眠者进入催眠的深度，想象力高、联想比较丰富的受催眠者显然更易于进入催眠状态。如果催眠师在暗示的时候再配合和想象内容有关的音乐，那么效果会更好。

在催眠师运用联想法进行催眠诱导时，催眠师通常都会要求受催眠者集中注意联想、体验一些非常优美迷人的自然风景、轻松愉快喜悦的场面以及受催眠者所喜爱的一些比较有特点的特定场所。举例来说，催眠师可以让受催眠者想象他正在风景如画的园林小品里散步；或者在一望无际的大草原上欣赏着壮丽的风光；或者坐在竹筏上，荡漾在平静而迷人的湖面上；或站在高山的巅峰，俯瞰山脚下那绿油油的迷人田野……催眠师最好选择那些最能引起受催眠者想象与联想的情景，并且加以最生动、最具体、最详细的描述，让受催眠者专注于对美好场景的联想上，在不知不觉中进入催眠状态。有时候，受催眠者想象的图景会不太清晰，没有关系，催眠师依然可以根据指导语来加强暗示。经过详细而具体的反复暗示后，受催眠者大脑中的图像会越来越清晰。

联想法经常使用的联想场景就是风光旖旎、美丽迷人的海滨沙滩。把这一场景运用到催眠实践中，催眠师就可以对受催眠者进行如下暗示："现在，你非常放松、非常舒适……你只听得到的我的声音，对其他声音充耳不闻……是的，你现在感觉非常轻松、非常舒适……你轻轻地闭上眼睛，感觉更加轻松、更加舒适了……现在，你的注意力非常集中，你只专注于我的声音……好，请按照我说的去想象……好，你想象现在正是初夏的黎明，在风光旖旎的海边，你躺在松松软软的沙滩上，感觉非常舒适，非常惬意……看那远处，是的，太阳正从远远的地平线升起……正从远远的地平线升起……天空渐渐地明亮起来了，大地开始变得温暖起来了……啊，太阳越升越高，原来灰蒙蒙的天渐渐变成了橘红色……是的，沙滩开始变得温暖起来了……太阳越升越高，天渐渐变成了橘红色……变成了橘红色……你看到天与海的连接处泛起了一层薄薄的白雾，迷茫茫地笼罩着天和海，就像那轻盈的纱一般，遮挡着直射过来的阳光，使天和海融成朦朦胧胧的一片……海鸥拍打翅膀的声音越来越近……越来越近……微风轻轻地吹拂着，带着清新的气息，你感到非常惬意，非常舒适……你仔细地听，集中注意地听，那美丽的海浪正柔和地一阵接着一阵地拍打着你身边的沙滩……是的，那美丽的海浪正柔和地拍打着沙滩……你感到全身心的轻松，非常舒适，非常惬意……海水就在你的脚边一伸一退，此起彼伏……海浪的嬉闹声使你感到轻松、欢畅，使你感到心旷神怡，非常惬意……你与这大海、这沙滩似乎已经融为一体。你的感觉变得越来越敏锐，思绪越来越清晰，精神越来越充沛……是的，海浪的嬉闹声使你感到轻松、欢畅，海水在你的脚边一伸一退，此起彼伏……你感到轻松、欢畅，非常舒适，非常惬意……你与这大海、这沙滩似乎已经融为了一体……是的，融为一体了……太阳越升越高，越升越高……周围逐渐变得明亮起来……眼前画面逐渐清晰起来……越来越清晰……太阳光照在你的身上，暖洋洋的……暖洋洋的……你感到非常舒适……非常轻松……"

催眠师在指导受催眠者精神专注于联想场景的同时，必须时刻注意观察受催眠者的躯体放松程度，借以推测受催眠者意识的恍惚程度。如果受催眠者的种种表现显示其尚未完全进入催眠状态，那么，催眠师就需要反复进行专注联想的诱导，一直到受催眠者完全进入催眠状态为止。总之，受催眠者必须根据自己的需要来进行最合适自己的想象，努力让画面清晰起来，相信这样一定能达到美妙的催眠效果。

怀疑者催眠法

从目前的情况来看，催眠术在我国的普及程度还非常不够，很多人对催眠术都抱着一种将信将疑的态度，存在着诸多疑问，甚至有的人根本不知道催眠到底是做什么的。想让对催眠术持怀疑态度的人接受催眠不是一件容易的事情，因为催眠本身要建立在与催眠师相互信任的基础上，受催眠者如果顾虑重重，那么就很难进入催眠状态。

怀疑的原因可能不尽同，但是究其根本原因乃是对催眠术缺乏科学、充分的认识。出现这种现象十分正常，不足为怪，可是如果对这些怀疑者进行

充分、详细的讲解和介绍后，还是难以打消其疑虑，那么，如何对持怀疑态度的受催眠者实施催眠术呢？这是一个不容易解决的问题，但也是一个必须解决的问题。"怀疑者催眠法"是解决这一难题的最佳方案。

有一个方法应对怀疑者是最有效的，那就是在正式对其进行催眠之前，先选一位催眠敏感度比较高又曾经多次接受过催眠术的受催眠者，当着怀疑者的面实施催眠术，让怀疑者亲眼看到催眠术在增进身心健康、开发个体潜能等方面的独特作用。还要让怀疑者清楚地看到受催眠者的苏醒过程，并倾听受催眠者接受催眠的感受，这样可以完全消除怀疑者有关进入催眠状态以后难以苏醒、精神衰弱的种种顾虑。由于怀疑者是身临其境、亲眼所见，因此绝大多数怀疑者都会为之折服。就算不能全部消除怀疑者的怀疑心，也可以大大减弱他们对于催眠术的怀疑程度。万一怀疑者露出失笑的轻率举动，催眠师必须以极庄严的威力去慑服他，在这之后，怀疑者也必然会改变态度。接着，催眠师便可以对其实施正式的催眠暗示了，可以按照如下的说法：

"现在，你不会怀疑催眠术了吧，也希望我使用催眠术来解决你所面临的问题了吧……好的，现在，就让我对你实施催眠术。就像你刚才看到的一样，你也将很快进入催眠状态，你也将很快享受到催眠术所带来的轻松愉快的体验以及它对你身心健康的帮助。"这时，亲眼看见催眠成功的受催眠者已经消除了对催眠疗法的疑惑，心悦诚服，信任、崇敬之情会油然而生。因此，催眠师的各种暗示、各种指令便尽可以长驱直入，迅速占领受催眠者的整个意识状态，很快就会将其导入催眠状态。

总之，对于这些怀疑者，一定要注重有效地说服，既要摆理论，又要引实例，尽量消除他们的怀疑心理。催眠师催眠怀疑者，表面上看来很难，但如果能使怀疑者亲身经历，产生催眠感应的观念，那就一定能使怀疑者催眠成功。

反抗者催眠法

　　如果在实施催眠的过程中，遇到受催眠者消极的反抗，催眠师应该怎么办呢？在长期的催眠治疗实践摸索中，聪明的催眠师创造出了一种别开生面的反抗者催眠法。

　　受催眠者的反抗可以大致分为两种：一种是受催眠者生理上或者说身体上的反抗，也就是受催眠者以体力作反抗动作；另一种则是受催眠者心理上的反抗，也就是以一种阳奉阴违的态度来对待催眠师。这两种情况有很大区别，所以催眠师要仔细辨认反抗者的类别，然后再做出相应的催眠治疗方案。

体力反抗

　　以体力作反抗的受催眠者，大部分是某些精神病人。他们在接受催眠的时候可能会表现出种种狂暴、粗野、无理，甚至是不可思议的行为，而家人又无法使其安静。这个时候，如果必须仍然对他们施行催眠的话，只得用布带、绳条等绑缚其四肢，使受催眠者无法动弹，还要使用一些微量的麻醉药品。同时慢慢地施以诱导催眠的言语，也并不是没有可能使之进入催眠状态的。

另外，还可以用比较强烈的光线直接照射受催眠者的眼睛，等到他的眼睛经受不住强光而闭合之后，再予以诱导催眠的种种暗示，让受催眠者能顺利进入催眠状态。需要注意的是，对于这种受催眠者进行催眠，不能寄希望于他能进入很深的催眠状态。

心理反抗

受催眠者在心理上作反抗，对催眠师阳奉阴违的原因有很多种类型。可能是处于好奇，想要试一试催眠术是否灵验，或者想要和催眠师开一个玩笑，故意对催眠师的指令阳奉阴违，反其道而行之，想要试试催眠师的功力、技术、耐心等。假如出现这种情况，想要使催眠实施成功，催眠师就必须以敏锐的洞察力看破受催眠者的这些想法，掌握受催眠者的心理动态，然后见招拆招，以和善的心态来积极对待。

例如，催眠师让受催眠者按照要求数数字，假如受催眠者故意数错了数字，那么催眠师就要和他讲明道理：如果注意力不集中，就会发生错误，有了错误还得从头数起，这样岂不是非常浪费时间和精力。这个时候，受催眠者就会觉察到催眠师已经将自己的真正心态看破了，势必会有所收敛。此时，催眠师就可以乘胜追击，马上再施加暗示："请你不要故意不遵从指令，这是为了更有效地使你的身心健康得到恢复，所以，请你一定要努力配合。"在打消了受催眠者的反抗心态之后，再对其施以其他的催眠暗示，受催眠者就有可能会配合催眠师的暗示来真正尝试催眠，这样一来成功的可能性就变得大多了。

对于一个非常固执的受催眠者，催眠师可以这样对他说："其实，我觉得你是无法接受催眠术的。不过为了让你体验一下，咱们稍微试一下吧……好，现在，我想让你感到眼皮渐渐沉重，请你立刻闭上你的双眼……是的，让你立刻闭上双眼……不过，我已经注意到了，你的双眼现在睁得这么大，一点也没有变得沉重……是的，看来你真的无法接受催眠术……现在，毫无疑问，你的眼皮感到越来越轻，双眼也是睁得越来越大。进入催眠状态是要放松的，可是你却变得越来越紧张，身体挺得那么直……是的，我看出来了，我看得出你是那么紧张，是根本无法接受催眠术的……是的，现在你也毫无倦意，精神非常好，你正变得越来越清醒，根本无法接受催眠术……想要你全身心放松根本不可能……你自己也无法做到这一点……你根本无法接受催眠术……无法接受……"

沿着这种逆向思维的思路，催眠师反复地说一些与催眠意图截然相反的话，慢慢就会对受催眠者起到逆向激将作用，逐渐把他的反抗心改变成信仰心，从而诱导他进入催眠状态。受催眠者的心机一转，催眠师便予以意想不到的暗示，催眠的效果便达到了。

杂念者催眠法

　　有一些受催眠者难以进入催眠状态，很多时候不是因为他不想被催眠，而是因为这些受催眠者杂念比较多，注意力很难集中。从人格特征上来说，这样的受催眠者性情一般比较浮躁、好动，在日常生活中就很难获得宁静。了解这一点以后，催眠师就需要寻找适合受催眠者集中注意力的催眠方法，对症下药。

　　大家都知道，催眠术对受催眠者的首要要求就是要集中注意力。只有受催眠者集中了注意力，催眠师才能诱导其进入催眠状态。假如受催眠者杂念丛生，脑海里一团乱麻，必然无法正常接收催眠师的暗示。所以，对于这些心有杂念的受催眠者，排除杂念便成为首要的任务和最基本的保证。杂念者催眠法就是专门针对这种情况的一种行之有效的科学方法。杂念者催眠法可以分为两种，一种是让受催眠者通过深呼吸达到心中的宁静，一种是借助于外部动作的劳累消除心中杂念。

深呼吸

　　首先让受催眠者直立站好，催眠师开始发布指令：

　　"现在，请舒展一下你的身体，找个最为舒适的姿势……好，放松，放松你的整个身体，然后做几个深呼吸……缓缓地吸气……然后，缓缓地呼气……呼气……吸气……在呼吸中，你会觉得你的内心开始渐渐地平静……是的，你会觉得你的内心开始渐渐地平静……好，继续吸气……呼气……放松……对，你现在已经开始慢慢闭上眼睛了……当闭上眼睛的时候，你就更放松了，你的内心就更加平静了……对……当闭上眼睛的时候，你就更放松了，你的内心就更加平静了……对，就这样……开始闭上眼睛……享受这一时刻的平静……继续吸气……呼气……

　　"对，很好，就这样……你现在更加放松了，你的内心更加平静了……好的，在这一时刻，你就把自己的内心完全交给自己……很好……就是这样……让思绪自由地在脑海中滑过……继续慢慢地吸气……慢慢地呼气……对，慢慢地吸气……慢慢地呼气……任由思绪自由地飘过……你会感到非常轻松，非常舒适……非常轻松，非常舒适……

"好，非常好……随着缓慢的呼吸，你的心情在渐渐地平静……在缓慢的呼吸中，渐渐地平静……渐渐地平静……现在请按自己喜欢的速度呼吸……自由地呼吸……吸气……呼气……在呼吸时，会感觉到四肢很沉重……很温暖……很放松……是的，你现在感到非常轻松，非常愉快……你的心情是那样地平静……在缓慢的呼吸中，享受这一刻的平静……呼气……吸气……继续享受这一刻……享受这一刻……"

这个时候，催眠师一定要检查一下受催眠者是否真的处于非常平静的状态。如果是，那么就应该立刻进行下一步的治疗，但是如果发现受催眠者还没有完全归于平静，催眠师就应当担负起自己的责任，继续耐心地诱导受催眠者消除所有杂念，使其达到内心的安宁。

外部动作的劳累

让受催眠者直立站好，催眠师开始发布指令：

"将你的两手向前举，两掌相握，向右摆动20次，先由慢而快，然后由快而慢。当你迅速摆动的时候，你可以看到不可思议的奇观。"受催眠者按照催眠师的指令行事，在摆动10余次之后，身体就会站立不稳，与此同时，心中的一切杂念也将消失殆尽。当受催眠者因站立不稳而欲跌倒时，催眠师应马上上前将受催眠者扶住，并帮助受催眠者仰卧在床上或者安坐于椅中。此刻，正式的催眠暗示开始："你的各种杂念已经完全消失，现在，你的心情十分平静，请闭上眼睛，一切变得安静起来，你只能听见我说的话，专心致志地听我的指令，并按照我所说的去做。"

这时，催眠师可以暗中检查一下受催眠者的眼动情况，如果受催眠者的眼动状态已经基本停止，眼皮也不再眨动了，便证明受催眠者的杂念已经消失。接下来便可以进行暗示："你胸部的血液开始往下流动，额部感到非常凉爽，请体验这种感觉！请体验额部凉爽后的舒适的感觉……体验吧!是非常舒适的，非常轻松的……你的眼睛已经不能睁开了……手臂也很重，不想抬了，也抬不起来了……脚也很重，不想动了，也动不了了……你会感到很困，很困……睡吧，睡吧……在最愉快、最舒服的时刻慢慢进入到更深一层的催眠状态中……"

由于杂念顺利消除，暗示的效果也就会成倍增加，本来是心怀杂念而很难进入催眠状态的受催眠者，一步一步地进入较深的催眠状态。

睡眠催眠法

所谓睡眠催眠法，就是指当受催眠者处于自然睡眠过程时对其实施催眠，以使其由自然睡眠平静地转为催眠状态。这种方法的原理，就是利用受催眠者在睡眠中精神已处于没有思考的状态，故而得以乘机催眠，使之快速进入理想中的催眠状态。

想把受催眠者从睡眠状态直接导入催眠状态，要比从清醒状态导入催眠状态困难得多，而且对于受催眠者催眠敏感度的要求也更高。假如是催眠敏感度比较高的人，催眠师只需给予其一定的暗示，就可以将其顺利地转入催眠状态。但是对于催眠敏感度比较低的人，催眠师给出受催眠者进入催眠状态的暗示，可能非但不能使其进入催眠状态，反而可能使其迅速地清醒过来，导致整个催眠过程的失败。

总的说来，睡眠催眠法是一种相对较难的方法，因为这个原因，实施的时候就更需要催眠师有相当丰富的催眠经验和高超的催眠技术，其具体的操作过程大体如下：

在催眠师开始实施睡眠催眠法之前，首先要排除自己内心中的杂念，做到心无旁骛，专心致志，用严谨的精神进行催眠，注意力高度集中。然后，催眠师要走到受催眠者的面前，坐在受催眠者的身旁，再用手掌对受催眠者实施离抚法。

离抚法是离体轻抚法的简称，具体操作就是催眠师将掌心朝向受催眠者，但不能接触受催眠者的皮肤、身体，在距离受催眠者8～10厘米左右处对受催眠者进行所谓的空中"抚摸"。这样做的目的是使受催眠者的精神集中，注意用心去感受，不生各种杂念，从而容易进入催眠状态。

当催眠师在对受催眠者进行离体轻抚20次以上后，可以开始轻声呼唤受催眠者的名字，并且需要暗示受催眠者："现在，你深深地熟睡着，非常轻松，非常舒适。感觉非常美妙……是的，你现在睡得很香，睡得很熟，不会醒过来的……不会醒过来的，对于周围的声音你充耳不闻，但是，你能听到我的声音，听得非常清楚……是的，你只专注于我的声音，其他的声音一点也听不到……你只专注于我的声音……现在，我轻轻地叫你的名字，你就能够答应，但是你不会醒来，肯定不会……在睡眠中你仍然会感到轻松，感到舒适……头脑清醒，不会有任何忧虑，你会感到睡眠是最愉快、最舒服的时刻……你熟睡着，非常轻松，非常舒适……"

按照上述暗示方法，进行反复的多次暗示之后，催眠师双手离抚，慢慢地接触受催眠者的额部，再轻柔地从受催眠者的额部、面部到两肩。催眠师在抚摸的时候，一开始的动作一定要轻，然后才可以渐渐地加重（这个"重"的度，以一般人能接受、感到舒适为最适宜），然后再由重转轻。此时催眠师就可以举起受催眠者的双手，并再次暗示受催眠者："好，现在，你的手就按这种姿势停在这里，就这样固定在这里，不要动！你也不想动……好，保持这种姿势……不能动，也不想动……是的，你的手就按这种姿势停在这里，就这样固定在这里……你不能动，也不想动，继续保持住……你的双手就这样固定在这里……固定在这里动弹不了……动不了了……"

经过如上的暗示数次之后，催眠师就可以将手拿开了。此时，如果受催眠者的手臂果然不能做出反应了，那就证明受催眠者已经进入了催眠状态；而如果受催眠者的手迅速下垂，那就证明这次催眠没有成功，还需要重新进行暗示。催眠师只有坚持进行反复暗示，才能让受催眠者成功地进入催眠状态。

气合催眠法

气合催眠法听起来有些怪，其实就是指用气合的喝声将受催眠者导入催眠状态的一种方法。气合，又称神阙、气舍、维会，是经穴名，属于人体的任脉，在腹中部，脐中央。气合的喝声通常都是非常沉稳有力的，这也正是选用气合的喝声来对受催眠者继续催眠的深层原因。

气合催眠法有着比较高的技术要求。一般的催眠师在实施气合催眠法以前，都要进行多次练习。如果喝声无力，或者由于催眠师自身缺乏自信、技术不够高超、心里犹豫恍惚等不良因素的影响，那么就很难取得预期的效果。即使催眠师强行逼迫自己用这种方法施于治病矫癖，也是收效甚微。

气合催眠法的具体实施过程如下：让受催眠者选择一个自己觉得最为舒适的姿势，比如坐在一张舒适的有靠背的椅子上，催眠师则站在离受催眠者2米远的地方。受催眠者集中全部注意力凝视催眠师的面部，并做几次舒缓的深呼吸。同时，催眠师开始暗示受催眠者："只要我大喝一声，你将会立刻闭上眼睛，而后迅速进入催眠状态，是的，一定是这样，只要我大喝一声，你就会立即闭上眼睛而进入催眠状态。肯定是这样的，绝对不会错的！"暗示时，催眠师一定要坚定地看着受催眠者，表现出极大的自信，让受催眠者完全信任自己，从而使受催眠者能顺利进入催眠状态。

然后，催眠师要面对受催眠者，将自己的右手高高举起，举过头顶，然后右手下垂，集中全部注意力凝视受催眠者的眼睛，并仔细观察受催眠者的反应及其表现。当催眠师发现受催眠者已经进入精神平静、注意力高度专注的状态时，应立即用下腹丹田之气大喝一声，同时迅速降下刚才举起的右臂。如果一切顺利，受催眠者将由此闭上眼睛，进入催眠的状态。这时，催眠师可以再走到受催眠者的身旁，反复施予受催眠者进入深度催眠状态的暗示诱导，从而取得良好的催眠效果。

气合催眠法的要求是非常严格的，并不是每一个催眠师都可以轻松掌握。而对于受催眠者来说，一般应是已经接受过数次催眠的人，或者催眠敏感度相当高的人成功的概率才会比较大。

第四篇

奇妙的自我催眠术

PART 01
揭开自我催眠的神秘面纱

什么是自我催眠术

许多催眠专家认为，任何催眠在本质上都是自我催眠，每一个人并不一定需要别人的诱导才能进入催眠状态。催眠的基本要素——使自己进入恍惚状态并施加暗示，每个人都可以学习并直接应用。你可以简单安全地把自己潜意识的潜能释放出来，自己去寻找催眠所蕴含的巨大力量。

自我催眠与他人催眠的区别在哪里？其实，从很多方面来看，它们之间没有什么区别。很多催眠专家认为，各种催眠在实质上都是属于自我催眠，这是因为，虽然是其他人诱导你进入催眠状态，但是，终归是自己的而不是催眠师的意识在起变化。即使自我催眠与他人催眠在进入催眠状态的途径方面略微不同，但是在催眠的各个要素中，却都包括了自我诱导的内容。

自我催眠与他人催眠之间存在的差别在于：首先，在自我催眠中，没有其他人在你进入催眠状态之后对你的潜意识施加暗示，而在他人催眠中，显然这是由催眠师为了满足受催眠者的特定需要（治疗疾病，开发潜能等）而按照提前制订好的计划或方案而进行的。为了在自我催眠中能够有效地进行暗示，我们必须采取不同的技巧。同样，在自我催眠中没有其他人来诱导自己进入催眠状态，必须靠自己来完成。这也是自我催眠首先要克服的一个困难。而且，如果你以前从来没有体验过催眠状态，那么即使是他人催眠，催眠诱导的难度也将会更大。

　　自我催眠与他人催眠之间存在的这两个差异也是自我催眠的弊端，但是它们都可以被克服、被战胜。不论何种催眠，要想取得应有的效果，受催眠者都要相信催眠的益处，并且乐意赞同催眠的一切有利因素。但是，并不是所有人都能做到这一点。

　　当然，对于自我催眠的人来说，他们对催眠的怀疑肯定会比较少，而且动机要相对纯正得多。毕竟，对于催眠的效果持怀疑态度的人，或者不愿意被催眠的人，是不会进行自我催眠的。

　　为什么有人选择进行自我催眠呢？回答这个问题要从几个实际的因素来考虑。首先，为了巩固初始催眠治疗的效果，催眠师也常常教给受催眠者如何进行自我催眠的方法。这是因为，催眠不是灵丹妙药，如果有益的暗示不定期进行巩固的话，治疗的效果就会逐渐淡化。因此，学会自我催眠是保证初始催眠治疗持续有效的好办法。其次，这也和资金的支出有关。催眠治疗的费用有多有少，但是去催眠诊所或者去看催眠医师要开销的费用也不少。如果在接受催眠师治疗之外，能够用自我催眠进行补充或者替代，就可以省去一些费用。此外，从地理位置及便利方面来考虑，如果是在偏远的地区，也许在住所附近找不到合格的催眠医师。与其选择长途跋涉去求诊，还不如选择自我催眠呢。

　　其实，学习自我催眠的另外一个非常重要的原因是，患者不能够或者不希望随时随地得到催眠师的帮助。比如说，你接受催眠医师的帮助，能够控制焦虑，但是你不能指望每次在你被一些不相干的人骚扰或自己的汽车半路抛锚的时候，催眠师都及时地给予帮助，你也根本不想催眠师在老板怒

斥你的时候过来帮助你。如果知道如何进行自我催眠，这时就可以自己单独控制局面了。

总之，自我催眠属于催眠学的一个自然的分支。催眠能够帮助你最大限度地发挥自己的潜力，帮你规避、治疗一些身心疾病。如果你能熟练地掌握自我催眠的技巧，那么，你的生活一定可以更加愉快了。

科学研究表明，自我催眠的效果并不比他人催眠逊色。只要催眠暗示的内容与方法得当，没有任何理论能够证明自我诱导的催眠不如他人催眠有效。事实上在某些领域，它能获得比催眠师治疗还要好的效果。当然，刚开始接触自我催眠的人需要一定的时间才能弄清楚自己需要采取哪种方式，为什么采取那种方式以及怎样才能达到最好的效果。

如果想要自我催眠取得成功，产生好的效果，首先，一定要有强烈的愿望。不要以为随意躺在床上，打开CD机，催眠就能发挥神奇的作用，这就好比守株待兔，根本就是在做无用功。自我催眠的正确方式与实施技巧也不太可能马上就能学会，在这方面也是熟能生巧。拥有想让催眠发挥效力的愿望或者至少相信它能够起作用，是最基本的，我们对它的作用信任度越高，愿望越强烈，自我催眠的进展也就越快。另外，还要最大限度地放弃批判，接受催眠技巧。最理想的状态就是，你乐意停止思维，抛开任何的顾虑，完全相信催眠将发挥巨大的作用。这种心理状态可以有效地帮助你打开自己的潜意识，使你易于接受暗示，是自我催眠成功的关键。

其实，自我催眠的方法并不神秘，每个人都可以尝试。同时，自我催眠和生活中其他的美好事物一样，也需要一定的努力、练习和实践。通过实践你会逐渐习惯进入催眠状态的感觉，而且你越能够适应这种感觉，就越容易成功地诱导自己进入催眠，让催眠发挥其应有的作用。

自我催眠和他人催眠一样，只要实施得当，没有什么危险性。但是有一些事项一定要注意。在进行机械操作、驾驶或者做任何其他需要精神集中的事情时，不能播放催眠用的磁带、CD等。此外，曾有过心理疾病的人，如果没有征得适当的医疗建议（催眠医师、催眠师的建议），最好不要擅自进行自我催眠。此外，在你不知道疼痛的原因时，如果没有征得医疗人员的同意，最好不要利用自我催眠的方式来减轻疼痛。比如，如果你手腕骨折了，而你采用自我催眠的方法减轻了疼痛并且继续使用受伤的胳膊，可能会造成无法挽回的损害。

　　由于处于催眠状态时，对自己的潜意识施加暗示是一件不太容易的事，因此进行自我催眠时，使用磁带或CD会对催眠的成功有很大的帮助。所用的磁带或CD可以是自己录制的，也可以由催眠医师录制或者让朋友按照自己所编写的内容来录制。

自我催眠的应用

　　自我催眠这项活动目前在世界许多国家已经被广泛应用。它是通过积极的暗示，进行自我控制身心状态和行为的一种有效的心理疗法。人类的大脑和神经系统进化到今天，已经完全具备利用自我意识和意象审视自己内心的能力了，人们完全可以通过自己的思维资源，在大脑中进行自我认知、自我肯定、自我教育、自我强化、自我治疗、自我激励与自我提升，这些行为实际上都属于自我催眠的应用。许多成功学大师所传授的成功窍门与我们要讲的自我催眠就有着微妙的、脱不开的联系。可以说，全世界的成功人士都曾经有意或无意地使用着这项心理技术，用来帮助自己控制情绪、集中注意力、迅速消除疲劳、调节肌肉紧张等。

　　自我催眠主要可以应用在以下几个方面：

　　减除心理应变性激动，改善睡眠，提高人体的免疫功能和社会应用能力，有效防治各种身心疾病；

　　增强大脑记忆力、精神注意力，有效存储记忆，提高学习效率；

　　矫正各种不良习惯，美容、减肥、戒烟、戒酒；

　　控制神经疼痛，自然分娩，手术应用；

　　在一定程度上激发人的潜能，提高体育训练和比赛成绩等；

　　达成新的人生目标，并充满活力和动力，积极地督促自己努力奋斗。

　　在历史上，人们很早就已经开始应用自我催眠暗示了。祈祷、印度的瑜伽术及我国的气功等，都是以不同的方式实施自我催眠暗示，其目的都是为了保护人的身心健康。

　　在前面讲述催眠暗示的时候，我们就提到过，暗示在人类的社会生活和日常生活中都具有非常巨大的作用。当人在清醒状态下，暗示虽然也有作用，但是只有在催眠状态下的暗示，暗示的内容才更容易进入人的潜意识领域，且具有更强大而且更持久的影响力。在催眠状态下的暗示，不仅能够改变人身体的感觉、意识和行为，甚至还可以通过调节人体自主神经来影响内脏器官的功能！除此之外，催眠暗示还能帮助人控制不合理的膳食，激励人坚持身体锻炼。

脑科学研究已经明确地证明，大脑的前额叶不仅仅是与意识和思维等心理活动密切相关，而且与调节内脏器官活动的下丘脑之间也存在着异常紧密的联系。而这正是人类能够主动利用意识和意象，来调节和控制内脏生理功能的首要物质基础。只有打好了这一基础，才能让人的生理功能到达平衡的状态。

人类的潜意识对调节和控制人体的呼吸、消化、血液循环、物质代谢、免疫反应以及各种反射和反映均起着不可替代的巨大作用。许多研究都已经明确地证明，在催眠状态下，如果被暗示身体处于不同的状态，人体的代谢率也就会随之出现相应的变化。

研究同时还发现，人在喜悦、快乐、大笑、听悦耳的音乐、回忆幸福的体验时，大脑内会有大量的脑啡肽和内啡肽的分泌。相反，当人的身体有疼痛或者痛苦等消极情感时，就会在体内有大量的P物质及去甲肾上腺素的释放。而内啡肽类物质具有抑制体内产生P物质和去甲肾上腺素的作用。有了这个理论基础，我们可以得出这样一个结论：在催眠状态下，如果自己能够不断地强化积极性的情感、良好的感觉以及正确的观念，使这些正面的情感、观念等在意识和潜意识中贮存，从而在大脑中占据优势，那么就可以通过多种心理或生理作用机制对人们的身体状态、心理状态

及行为进行自我调节和控制。因而，当处于应激和焦虑状态的时候，体内分泌的大量去甲肾上腺素引起的心悸、心慌、心跳加速、呼吸增强、头晕、冒汗、胃部不适、下肢发软、皮肤发凉以及精神恐惧不安等症状，都可以通过一定时间的自我催眠暗示来进行缓和。

总之，自我催眠对于保护身心健康、改善生活来说是非常有利、非常有价值的。而且因为是自我操作，比起去看催眠医生、催眠师或者心理医生，自我催眠实践的机会要大得多，这也是它最大的优势。不过，催眠不是灵丹妙药，如果只是在很短的一段催眠过程之后，就希望能够彻底改变积累了10年、20年，甚至更长时间的习惯，这种愿望肯定是不切实际的。只有反复的、长期的催眠治疗才能够产生实质性、稳固的变化。

自我催眠的应用是非常灵活的，可以是多种多样的，治疗疾病、开发潜能、完善自身等。在使用自我催眠的时候，也可以做不同的尝试，但是必须要坚持下面的这条基本原则：如果出现需要专业医生治疗的疾病症状，必须立刻寻医就诊，而不能考虑用催眠来解决。

哪些人最需要使用自我催眠术

哪些人最需要使用自我催眠术呢？

患有强迫症、焦虑症、恐惧症、抑郁症等心理障碍患者；

工作压力较大，很难有时间放松的人。例如推销员、业务员、公司职员等；

从事竞争比较激烈的行业，整天神经紧绷的人员。例如娱乐名人、运动员、企业管理人士、金融界人士等；

需要增强记忆力、害怕进考场、恐惧面试的人。例如想提高学习成绩的学生、参加各类考试而怯场的考生、继续深造学习的成人；

患有各种慢性疾病者，例如头疼、糖尿病、身体发热等；

有成瘾症者，例如吸烟、酗酒、吸毒等；

需要靠增强自信心来减轻体重、美容及抗衰老者。例如年轻少女、中年妇女等；

需要增强自身免疫力，增强抵抗力，减少疾病发生者。例如体弱多病或者身体亚健康者；

有不良习惯者，例如咬手指、摇头不止、多动症等；

需要改善睡眠质量者；

有晕车（船）情况者。

……

哪些人不能使用自我催眠术

虽然自我催眠术在治疗身心疾病、开发潜能、改善生活方面有着不可思议的作用与功效，但是自我催眠术和这个世界上的任何疗法一样，不可能是包治百病的，而且有一些人是绝对不能使用自我催眠术的。我们一定要意识到这点，尽量避免这类人进行自我催眠，以免出现不良的反应。

精神分裂症或其他重型精神病患者是不可以使用催眠术。这类病人大脑内部已经严重病变，在自我催眠状态下会导致病情恶化或者诱发幻觉妄想，从而导致无法顺利地进行自我催眠。

大脑器质性损害的精神疾病并伴有意识障碍的病人也不能使用自我催眠术，因为自己很难能全身心放松下来，理智的接受催眠暗示，自我催眠还可能会使得症状加重，甚至危害自己和他人的生命安全。

患有严重的心脑血管疾病，例如不建议冠心病、脑动脉硬化、心力衰竭患者使用自我催眠术，以免过度激动诱发疾病。

最后，还有一些对催眠有着严重的恐惧心理，经过耐心细致的解释后仍然持强烈怀疑态度者，也是不适宜进行自我催眠的。即使勉强进行，也不会取得良好的效果，反而有可能适得其反，得不偿失。绝对不能强迫其他人进行自我催眠。如果一些轻度病患者坚持要尝试自我催眠的话，那么在第一次进行自我催眠前，应多了解一些自我催眠的相关知识，或在专人指导下进行，以免催眠不当。

PART 02
自我催眠的步骤

编写自我催眠的暗示台词

明确你的目标之后，就可以开始撰写你自己的暗示台词了。暗示台词写得好对于我们摆脱各种心理障碍及生理疾病是非常有用的。这一步要认真遵循一定的指导方针，请参见下面：

保持直接暗示简洁、扼要、有效

1.简洁、扼要

当你被自己催眠时，清楚、迅速地理解被暗示的内容对你来说是相当必要的。台词的简洁、扼要指目的很单纯，不复杂繁多，也是指语言文字本身的简洁。尽可能地突出重点，直接暗示不应该被包含在冗长的独白中。很多病人对直接暗示更能有效地反应，想象力不是很好的人也可以对直接暗示进行吸收并做出反应，然后所做的规划就能够发生。

2.重复暗示

重复也是非常重要的，甚至可以说是催眠过程中最重要也最常用的手段，因为它能帮助你循序渐进地增强暗示、延续保留暗示的时间。当你反复接受同一信息，暗示就会变成本能的行为。你会自动、自愿、轻而易举地实施。不管你要暗示什么，你都要最少重复3遍。特别是对于那些受各种精神神

经症折磨、困扰的人，尤为
有效。

比如你可以完全地重
复："你已经停止吸烟，停
止吸烟，你已经停止吸烟。
停止吸烟，你将永远不再抽
烟，永远不再抽烟。"

重复也可以解释一些关
键性的暗示："你已经停止
吸烟。你不再想吸烟，你不
是一个吸烟的人，你是不吸烟的人，你怎么可能会吸烟呢？"每个人都可根据
自己的情况，设计符合自己特点的、行之有效的暗示台词。

3.让暗示可信、令人渴望

如果认为自己还不具备改变暗示目标的能力，即使你并不想放弃，但你
的潜意识里可能会抵制它。进一步说，如果你的真实想法其实不想通过律师考
试，不想减轻体重或不想成为有影响的公众演讲者，那你对自己发出了暗示也
只能是表面上的，不能进入到你的潜意识当中。

为暗示制定一个期限

你不必为自己制定严格的行为改变时间表，但你需要指出期望发生某些
改变的具体时间。如果你想指定一个立即发生的行为，就用"现在"、"不
久"或"马上"等有效的词，让自己的潜意识来掌控时间。

如果你的目的是只是放松肩膀，并希望在几分钟或几秒钟内发生，你可
以对自己做出这样的暗示："现在放松你的肩膀，就让肩膀放松。感觉肩膀放
松了，现在放松你的胳膊，让胳膊放松。好，继续放松，很快地你感觉到自己
的肩膀越来越放松，越来越放松。"

短暂的时间期限也可以这样暗示："不久，你就能回忆起梦中让你害怕
的情景，然后彻底清醒过来。""马上，你要举起你的手指表明你的手发麻，
没有知觉，没有反应。"

　　如果你的目标是要经过长时间努力才会见效，你暗示的时候就需要这样说："到上课的时间"或"当我下周开车过桥的时候"。当把催眠用于自然分娩时，指定特定的时间就更为必要。你可以这样说："当你继续放松，想象婴儿的诞生，想象世界上又多了一个小生命……"

　　在进行例如学习、运动员想象预赛或从事创造性的活动时，指定一个期限是特别重要的。否则，一个运动后大脑反应强烈的人很可能会持续精神旺盛直到筋疲力尽，浪费了不必要的时间和精力。你可以这样说："每天早上你写剧本，充满灵感、十分轻松。中午你停下来，想一想你所写的内容。回顾所做的工作，这样会你会很有成就感。"对于选择在下午或是晚上继续工作的暗示，要指定好一个停止时间，让暗示完全有效、实际，并且防止筋疲力尽。只有这样才能有更好的状态继续工作下去。

一次暗示限定在一个问题上

　　如果催眠师想一次完成太多改变或突然重新安排生活的几个方面，只会降低其中每一个暗示的效果，也会分散受催眠者的注意力。

　　也就是说你不能同时戒烟和减轻体重，也不能在两三个月内同时消除失眠和恐慌症。实际上，同时完成两个目标并不是不可能的，但是那将让自己不堪重负。所以一定要分清事情的轻重缓急，按照需求来合理安排和分配。

　　主要目标应分解为一系列暗示增强的步骤

　　催眠暗示如果可以直接指向要达到的行为或目标，这个暗示才能算是有效的。分析你的主要问题和最终目标，比起对问题进行次要的改变要重要得多。因此中心的环节是编定、选择对自己最有效的"自我暗示语"。

　　如果能从一个暗示中获得了一点点成功，那任何人都要继续激发自己潜能，增加原来的成功。你可以把暗示看成是箭靶上的圆环。从外环开始，击中；这是个小小的成功。然后，你继续进行下一个更小的环，以此类推，直到你击中靶心。靶心代表你要改变、消除的行为或问题的最核心内容。比如你想要改变在高速公路上所有有害的、不合理的行为，当你看到有人插到你前面时，你可以假装视而不见，并尽量不要大吼大叫，然后你就会逐渐进步，直到你让别人插到你前面，并对此保持微笑，你也会认识到在高速公路上表现得大方一点并不会影响你往返的时间。

请记住，成功是一种连锁反应，成功会引发继续的成功。所以，在开始时，保持暗示适度，以此加强，结果不仅是有益的而且还会更加持久。如此一来，受催眠者的情况也会越来越好。

使用肯定的词语

在进行暗示时，尽量使用简短和直接的陈述是非常必要的。避免使用诸如"不、尝试、不能、不要"等词语。一般人的潜意识反应都是按照肯定的主张进行的，例如，"我能、我是、我会"。你必须很好地推敲字词，它们对潜意识有不同效果的暗示作用。

要想进行肯定暗示的叙述，可以进行如下练习。你可以将你在生活中想要改变的行为简单、单一地陈述出来，可谈及需要减少或消除的任何习惯。现在试着读一下你的陈述，找找否定词语，如果你没有使用此类的消极词语，你已经是积极思考的了，应该能容易预见你的目标。如果你用到了消极词汇，就要重写。这一次，要把暗示写得就好像它们已经达成了一样，如此一来，催眠效果也就能相应更好。例如：

"我不想紧张。我更加放松。""我要试着减轻体重。我正在减轻体重。""我不想再吸烟。我是不吸烟的人。"

消极词语是不确定、不一致、让人讨厌的词汇，不利于自己，能引起不愉快的想象或使暗示的意图变得混沌。比如说，在放松诱导中，这个暗示是不合适的："现在从脖子跳到肩膀，放松你的肩膀……"使用"跳"这个词恰恰与你的目标是相反的。

避免引起思考的放松暗示

在诱导的开始阶段，放松具有非常重要的意义，要保持暗示的普通以避免引起思考。典型的安全暗示是："放松，漂移到一个相对放松的舒适状态，感觉到你的整个身体放松……"而下面这个过于详细的暗示就是非常不合适的，因为它引起思考："放松，想象你自己像个孩子一样在湖面的某一个橡皮艇上坐着，船在慢慢漂移。记住你漂浮在湖面的感觉。记住你觉得有多放松，微风迎面吹来，你感觉非常的舒适……"

假如你有过在小艇或小船上漂移的经历，假如你不会游泳，或者你害怕像孩子一样独处，这个暗示就会引起你很大的不适。你会异常焦虑甚至感到害怕，而不是放松。所以催眠之前，写催眠暗语一定要考虑周全。

3种方法迅速增强暗示效果

一个人能否进入催眠状态，取决于其受暗示性的高低。人的受暗示性高低存在很大的差异，那么，如何迅速增强暗示效果呢？

用提示性词语或短语触发并增强暗示

提示性词语经常用于诱导后暗示和间接暗示。在诱导后暗示，如果你的目标是关于习惯控制的，你会发现经常使用提示性词语可以增强暗示的效果，让你的注意力更加集中，这对于催眠治疗是非常有利的。

例如，对于吃得过多的人来说，提示性词语就是"饱了"。在诱导中，这个词可以触发并增强暗示的效果，当你极度想吃东西的时候，你说"饱了"这个词，你可能就不再想吃了，也吃不下去了。

诱导中的另一个提示性词语会帮你在面临频繁压力、焦虑中保持正常血压。比如说在高速公路上，你在拥堵的车辆之间开始紧张，手掌出汗、血压升高。在这个时候，你只要在心里说提示词——这个词也许是"打开"，也许是"放松"，总之是与紧张、焦急、焦虑完全相反的词——这样就可以让自己的情绪快速稳定下来，心也会慢慢平静。

我很饱很饱

在间接暗示法中，提示性词语可用于回忆特定的情感、时间或地点。它作为反应开关，可以把你带回到过

去。例如，你周末曾经在森林里进行远足。你感觉精力旺盛、愉悦、无忧无虑。提示语"森林"就可用于把你的思维带到那时那地，你能感觉到那种经历中的情绪，仿佛身临其境一般。

你可能非常想改善与老板之间的关系。每次老板与你谈话，你都觉得是在承受压力。这个结果是消极、抵触、不适当的行为。你的提示性词语可以是"躲避压力"。当老板叫你到他办公室谈话时，你就可以对自己说提示语。这会让你的行为更加积极，不抵触他的要求、讨论或观察报告，让自己能轻松与老板沟通。

提示性词语可能会给一位强烈缺乏自尊心和非常注意外表的妇女非常大的感情支持。在她进入必须与人们接触的房间之前，她对自己说提示词"伊丽莎白女王"。这个提示暗示她有自尊心、重要感，把头高高昂起。在她使用提示语后，她的行为不再显露她没有自信，反而能反映出明显的自尊。连续使用提示词，她自我感觉好了许多。如此循序渐进，效果最佳。

选择想象以增强直接和诱导后暗示的效果

这些暗示是重新规划自己时的框架。每个想象都应该有助于你完成主要的目标。

要知道你的想象是有力量的，精神想象可以预言真实的结果。当你生动地想象你已经达到目标或提升了你生活的各个方面，你实际上是激活能帮助你达成目标的一定大脑活动和精神类型。想象也可以产生失败。如果你想象自己不能骑自行车到达某一座山或不能通过考试，你可能真的就不能了。所以在想象之前一定要找自己能力范围以内的事物进行想象。

运动员通过想象可以使自己增强能力，成功使用"精神训练"，可以提高运动速度并且取得胜利；作家和艺术家本来就是运用想象来创作；学生有时候需要运用想象通过考试，他们想象自己考试、感觉放松、注意力集中、成功通过考试；公众演讲者想象自己在众人面前演讲，感觉镇静、放松、被万人敬仰。语言文字的暗示作用配合上视、听等感觉，配合上周身的感觉，会格外有效。

把一张纸折成两半，用肯定方式在左边写下你的目标（这是你的诱导后暗示）。右边，建立积极想象并且说明当达成目标你的感觉如何、看到什么、为什么、结果是什么。下面是举一个例子：

催眠后暗示：我在工作时更加放松。我的工作正在我面前，进展顺利，一切都那么轻松。

正面想象：我正坐在临窗的桌子前，这真是一个惬意、阳光明媚的日子，我感到平静又舒适，外面的天是那么蓝，空气是那么清新。

想象越生动清晰，也就会越奏效。你可以把你的所有感官——嗅觉、触觉、视觉、听觉和味觉全部都结合到想象中，增强积极想象。你运用的感官越多，对你的潜意识来讲，你的想象也就越真实。这一切都有助于你的潜意识接受最后那个根本的、美好的、目的性的"指示"。

在放松诱导中，你能够按照下例中引导的想象来建立一种平静的感觉。或者你使用同样想象来设定你特定的地点，并且在这个地点进行诱导后暗示。

学会利用评价语来增强暗示的效果

下面12个暗示在某一个方面都是不正确的。请阅读每个暗示，找到缺陷，然后再简短地加以描述。

外面的噪音不能干扰你。这噪音不能以任何方式干扰你，你只会沉浸在你的世界里……

在我数3的时候，及时回到你第一次被狗吓到的时候。你会回忆起来，当我数6的时候，你一定要回忆起第二次被狗吓到的时候，你会记起你的感觉还有你所看见的，然后你会感到紧张、害怕……

放松，就想象你自己在秋千上荡来荡去，想象着在你8岁时，你的哥哥推你荡秋千。放松，就想着那时愉快的景象……

放松感正渗入你的身体，它从头部一下跳到你的脚部，是那么舒适……

太阳火辣辣的，非常明亮，火辣辣的，非常明亮，照耀着你的眼睛快睁不开了……

你看着自己苗条又有形，你已经瘦了许多。现在，当我从1数到10的时候，你要恢复到完全清醒的意识状态。好，准备，我要开始数了……

当你开始学习，你全神贯注在你的学习中。你忘记了时间，注意力完全集中在你正在学习的内容，你是那么专注，那么认真……

在交通中你非常平静，非常放松、平静，你全神贯注在你前面的车上，排除所有其他令人烦恼的交通……

你要停止吸烟、停止吸烟、停止吸烟。你同时也会发现自己对很少量的食物就能满足，在每餐之间，你也不需要吃东西，你一般都是很饱的状态。

你骑自行车上山，你的脚有力地踩踏板。最后，你成功到达山顶大声地欢呼起来。

可以想象你自己在一个特别的地方，你在一个特别的地方，你喜欢在那里。那儿很美，你觉得非常舒适，你很享受在这里待着，很享受。

背景音乐就是你放松的信号。当听到音乐，你开始放松，你觉得好像你很容易入睡。你没有入睡困难，音乐就是你入睡的信号。现在，当我从1数到10的时候，你要恢复到完全意识。

现在，来看一下我们在每个例子中设置的缺陷，并检查看看你改正了多少。

"噪音"是不一致的词，而不是否定词。较好的描述应该是"那声音在帮助你放松"。

这个直接暗示不够简单、扼要。对病人要求太多，应该这样暗示："在我数3的时候，你会及时回到你第一次被狗吓到的时候。"同时也不应该出现消极的词语，例如紧张。

这是一个引起思考的放松练习，会产生相反结果。病人可能恐高，可能曾经从秋千上掉下来过，或者不喜欢他的哥哥，所以说之前应调查清楚。

"渗入"这个词可能会引起不恰当的想象。"跳"这个字也是不一致的，如果是放松就不应该跳。在这两个句子里，用"流"这个字效果会更好。

你应该更精确地描述暗示，产生让人不舒适的具体温度。最好是循序渐进，逐步升温。

这个暗示是要通过重复、解释暗示或用同义词来进行强化的："你苗条又有形，感到轻了。你喜欢感觉苗条又有形，现在你感觉更好，你更加苗条，感觉更好。"而不应该过于直接。

应该设定出一个时间，否则，你会一直学习直到筋疲力尽。你可以这样暗示自己："你将在下午学习，成功地工作到四点，开始休息，回顾你所学习的内容。"这样可以让大脑有休息缓冲的时间。

这是个非常危险的暗示，必须要准确地解释。应该设定一个不限制你开车能力的提示词作为镇静状态的信号，集中精力在车的前方，而不顾其他。

在这一个暗示里有两个目标。目标太多效果当然就会很差，你不可能同时踏入两条河流。

"试着"和"最后"都是消极的词语，你不能轻松达到目标。这需要奋斗，所以想象不是积极的。

应使用想象来增强你的直接暗示。"想象你自己在一个特别的地方，月亮出来了，你能闻到松树的味道，听到小溪冲刷石头，十分安静，空气寂静而芳香，你很平静……"可以描绘地尽量细致一点。

你需要舍去用这段特定音乐带病人到欲睡状态的暗示。因为受催眠者很可能在开车时、在超级市场购物时、看电影时、参加聚会时或是睡眠时，甚至是其他危险的地方听到这个音乐，必须要为受催眠者的安全考虑。

自我催眠的准备工作

在尝试自我催眠之前，有必要做一些准备工作来提高自我催眠成功的概率。

首先，一定要保证自己处于一个当进入催眠状态时不会受到任何人、任何事物打扰的安静空间里。当然，在有足够的经验之后，你也可以在嘈杂或者存在干扰的环境里进行自我催眠，但是在刚开始学习、实施的时候，你必须确保你的手机、CD机以及任何其他的干扰源都已关闭。如果屋里还有别人的

话，必须让他知道你不能受到干扰的需要。如果你在催眠中使用磁带或CD，请尽量使用耳机，这样可以帮助你完全隔断那些外在的噪音。

接着，你就要为自我催眠选择一个自己觉得最为放松最为舒适的姿势。你可以坐在直立的椅子上，而且椅子最好不会松动或滑动，你也可以躺在沙发上、床上或者铺有柔软毯子的地板上，要使自己尽量轻松舒适。必要的时候，你还可以用垫子和枕头，因为你可能需要静止地躺上或坐上半个小时左右的时间。此外，不要忘了在催眠开始之前去一趟洗手间，以免到时候"内急"干扰催眠的正常进行。

在进行自我催眠之前做一些轻柔的伸展运动，拉一拉肩膀、后背，扭一扭头颈，甩一甩胳膊以及腿部的肌肉。这些活动能够有效地促使你放松身体，使你易于进入催眠状态，而且可以防止你在催眠状态下出现肌肉痉挛的意外情况。

催眠时的穿着并不是很讲究，但是所穿的衣服必须要宽松舒适。应该解下领带、皮带、摘下你的手表以及耳环、项链等饰品，否则它们可能会使你在躺下或者端坐的时候感觉到不舒适。如果戴眼镜，还应该取下眼镜，隐形眼镜也最好先取出，以免在自我催眠结束之后戴着隐形眼镜进入睡眠。

另外，你还可能需要一个定时器，它可以使你只在规定的时间里处于催眠状态。当然，如果你是在睡眠之前进行自我催眠，那就不需要定时器了。关于这一点，你不用担心你会在催眠之后难以醒过来。那个定时器，只是在你催眠后进入潜睡状态后但又不想睡着的时候，它才发挥作用的。有一点需要注意，定时器的声音不能太响，否则它会吓你一跳。

最后，注意不要过分关注规则。上面的建议只是帮你达到自我催眠效果的经验之谈，而在实践中，如果你有更好的办法，完全可以打破或者改变这些套路。

自我催眠的再唤醒与深化

一旦进入催眠状态，接下来就要深化催眠，然后对潜意识施加暗示。我们将对这两个步骤做简要的讨论，但是，在接受暗示之前，你还是有必要练习如何进入和退出催眠状态，所以我们首先要谈谈再唤醒。

自我催眠的再唤醒

从学术角度看，就算离开催眠状态之后，你并没有被再唤醒，因为你本来就没有睡着。但是，"唤醒"与"再唤醒"是催眠学中常用的语汇。再唤醒是一个简单的步骤。如果你用定时器，则只需要告诉自己，当定时器报告时间到了的时候就要准备起来并慢慢醒来或恢复平常的知觉，或当你从1数到10后就会醒来，感到身心放松。而在没有定时器时，也同样暗示自己从1慢慢数到10（或任何其他数字），同时逐渐平静地从催眠中恢复，并暗示当数到10的时候，你醒来并且头脑十分清醒。

如果你采用楼梯或其他的诱导方式，那么你可以想象自己重新登上了楼梯（或走下楼梯，视情况而定），你将要暗示自己，当重新走上楼梯时你将缓慢地从催眠中清醒过来，而当到达楼梯的上端后，你会完全恢复、精神抖擞。

自我催眠的深化

在进入催眠状态之后，就要深化催眠。深化催眠并不是件奇特的事情。通常说来，催眠的层次越深，暗示的效果就越好。好的催眠深化方式往往能借助周围的环境。虽然你会尽量找安静的地方进行自我催眠，但是没有一点噪音是不太可能达到的要求，在催眠状态下你可能会听到飞机声、车辆来往或邻家的狗叫的声音，等等。这些噪音并不完全是阻碍催眠的东西，相反它们可以被用来帮助增加自我催眠的深度。暗示自己当每次听到飞机飞过，或每次狗叫的时候，你将会进入更深层次的催眠状态。这种深化方式影响力会非常大。虽然大部分催眠的意图能在相对较浅的催眠状态下就可以实现，但是深化催眠可以让你了解不同催眠层次之间的差异，从而你能更好地体验催眠状态。而你对自己催眠状态的感觉越熟悉，自我催眠的能力也就变得越强。

　　深化催眠和催眠诱导的方法很相似。数数字就是个大家熟悉的例子，暗示自己每数到一个数字，你将进入更深层次的催眠状态。还比如说楼梯，你可以再开始攀登或走下新的一层楼梯，每走一步暗示自己催眠的层次正变得越来越深。

PART 03
触手可及的自我催眠练习

快速自我催眠法

快速自我催眠法是一个非常简便有效的方法，几乎适用于任何人。自我催眠是一种非常美妙的能力，只要通过不断的练习就能达到越来越好的效果。有时候，常常练习自我催眠的人只要闭上眼睛，试着让自己安静下来，全身心进行放松，就能立即进入很舒适的状态。与此同时，再快速进行积极的自我暗示，就能够顺利进入催眠状态。

快速自我催眠法需要选择一处比较安静、不被打扰的地方，尽量选择舒适、温馨、有利于放松心情的环境，这样就能让人自然而然地感到轻松、舒适和安全。快速自我催眠法往往可以在会议或考试开始之前运用，只要你能找到不被打扰的角落就可以。

快速自我催眠法在具体操作时，要先做几个深呼吸，让自己完全平静下来。尽量保持每次呼吸时，都要深沉而平缓的吸气，充分地吐气，静静地感受自己小腹的起伏。外界发生的事情都与自己无关，自己此时只沉浸在一个人的世界里。

暗示语可以参考这里："好，现在请你缓缓地舒展一下身体……找一个舒适的姿势坐好……做几个深呼吸……深深的深呼吸……慢慢地闭上眼睛……慢慢地闭上眼睛以后，继续缓缓地呼吸……呼吸……呼吸……心情随着缓慢地呼吸渐渐地平静……非常平静……非常舒适……现在，开始数……1，心情渐渐地平静……2，渐渐地平静……3，非常平静……4，心情随着缓慢地呼吸渐渐地平静……5，心情渐渐地平静，非常平静……6，现在心情非常平静，感觉非常舒适……7，越来越平静，越来越舒适……8，越来越平静，越来越舒适……

"慢慢地从1数到20，每隔5秒钟数一次，每数一个数字，身体就会更加放松，心就会更宁静，等数到20的时候，你就会进入非常舒适的催眠状态。数数中如出现错误，可以重新再数一次，一直数到20为止。

"数数的时候要注意，不要太着急，每隔3秒或3秒以上往上数，而且需要你数得非常有规律，既集中精力，又保持心灵的敏感、警觉，每个数字都要清晰地数，仿佛每数一个数字，就会沉浸于更深的意识状态。在数到20以后，基本上就能进入舒适、美妙的催眠状态了。"

这时，就可以根据每个人不同的需要，进行快速而且积极的自我暗示了。在这个方法里，最常用的暗示语是"每天，我在各方面都会越来越好"。也可以暗示自己能够早睡早起、成绩能够快速提高、考试能够不紧张、面试能够顺利通过、恋爱能够甜蜜下去、业绩能够圆满达标、工作能够顺利完成、梦想目标也能够尽快达成，等等。

在清醒过来之前，还可以暗示自己从此时此刻开始，精力会更充沛，心情也会更舒畅，然后从20数到1，引导自己完全清醒过来。也可以事先写好唤醒语，加深记忆。

对于一些初次尝试自我催眠的人来说，需要反复使用这个方法，即使在一开始觉得心情很乱很糟，很难沉静下来，或者很容易就进入了睡眠状态而不是催眠状态，但你也一定要坚持下去。经过多次的运用和体察，你就会越来越熟练。当你能够顺利进入状态，并能随心所欲驾驭自我催眠的时候，才可以帮助别人进行催眠，否则只会弄巧成拙，费力不讨好。

放松法自我催眠

放松法算是自我催眠最舒适的一种方法，它适用于那些平时压力比较大的人群。放松法最好是采用躺着的姿势，而且不要忘记在身上盖一块薄毯。房间的空气要流通，光线不要太强，温度适宜，躺下之前先将皮带等束身的东西解开。

运用放松法时，首先要做几个深呼吸，以让自己完全平静下来。必须明确做什么，并只能设计一个解决目标。记清放松的每个步骤和方法。一开始可以想象着有一股暖流从头顶流下来，缓慢而舒适地流下来，流遍全身，这时你可以这样对自己说：

"暖流缓慢而舒适地流过我的头顶，让我的头皮很放松……头盖骨也放松……这股缓慢而舒适地暖流流过眉毛，让眉毛附近的肌肉很放松……让耳朵附近的肌肉很放松……让鼻子很放松……鼻子周围的肌肉也很放松……

"暖流缓慢而舒适地流过脸颊附近的肌肉……放松我的嘴巴……包括嘴巴周围的每一块肌肉，确定我的牙齿没有紧闭在一起，继续放松我的下巴……让下巴的肌肉很放松……下巴平时承担了吃饭、咀嚼、说话的压力，现在就把它彻底地放松下来吧……整个头部都沉浸在这股暖流里，温暖而舒适的暖流，让头部如此的放松，安静……

"暖流继续缓慢而舒适地流过脖子……放松了喉咙附近的肌肉……暖流流过肩膀……肩膀平常承受了太多的紧张、压力与重任，现在，就把它们都彻底地释放掉吧……我能感觉到双肩完全的松弛下来，好轻松，好轻松……好，继续放松……

"暖流流过左手……流过右手……流过左手、右手……到前臂、到手腕……到手掌……一直流到每一个手指，完全沉浸在这股暖流里，如此放松、温暖……十个手指头都完全地放松……我的整个手臂都完全放松了……

"暖流继续流过胸部，让胸部的骨头、肌肉都放松了……暖流流过背部，让脊椎与背部肌肉都放松了……暖流缓慢而舒适地流过腹部的肌肉，毫不费力，然后呼吸会更加深沉、更加轻松……这种放松的感觉一直向下到我的胃部，我的胃部非常的健康，非常的舒服……

"这股暖流流过左腿……流过右腿……让腿上的肌肉一股一股地放松……这舒适的暖流一直流到脚踝上、脚掌上，流到每一个脚趾头上，非常舒适、非常温暖、非常宁静……继续保持深呼吸，每一次呼吸的时候，都会感觉到自己更加放松、更加舒适……现在，我的身体都完全地放松了，我会感觉到非常的舒服……"

"一点一点地，就进入到非常舒适、非常放松的催眠状态里，整个人就像一个大大的棉花糖，像一朵轻松舒展的白云，是那么轻松……那么自在……整个人就这样进入这样放松、美妙的状态里……已经进入催眠状态了……"

放松法需要你真切地关注自己身体的感觉。有些人会觉得这样很难做到放松，那么你可以简单地想象一架心灵的扫描仪把自己从头到脚扫描了一遍，看看自己还有哪里没有放松，那么就都让它完全地松弛下来。对于那些不容易放松的部位，你可以对自己多暗示几次，充分放松之后，再进行催眠状态下积极的暗示。等到催眠快要结束时，再暗示自己"当我足够放松的时候，我就会自动醒来，醒来以后我的身体变得越来越好，越来越轻松，甚至所有的不良的状况都消失了"。

如果你确实觉得自己的身体很难做到放松，也想象不出来有一股暖流在自己的身上流过，那么，你可以试着在开始自我催眠之前先用放松法，让自己尽可能地先放松下来，变得舒适起来，具体步骤如下：

握紧你的拳头，再慢慢地松开；

握紧你的拳头，将拳头举到肩膀，再握紧，再慢慢地松开；

抬起你的脸，眼睛向上面看，舌头向上顶，再慢慢地松开；

收缩你的脖子，肩膀耸起来，再慢慢地、用力地放下肩膀；

深呼吸：吸气到肺部，让胸腹部慢慢地放松，继续深深地呼吸；

尽量向前伸你的脚，脚尖下压，再慢慢地放松腿部；

尽量向前伸你的脚，脚尖上翘，再慢慢地放松腿部；

最后让自己的全身松弛。

放松法可以让你全身的肌肉都快速松弛下来。你可以进行反复练习，直到身体感觉松弛、舒适，甚至有一点疲倦、松软、慵懒的感觉，然后再进行暖流想象，相信经过这些放松练习后，你就能顺利地进入到催眠状态中。

　　需要指出的是，有一些自我催眠者第一次做这样的练习时，因为他们很久都没有关注过自己身体的感觉，所以在放松的时候就出现了头痛、胳膊疼、腿疼等一些不舒服的感觉。不要担心，多练习几次就会变好，这其实是你平时缺少锻炼的表现，你是身体是在提醒你该好好休息了。

想象法自我催眠

　　想象法自我催眠主要适用于想象能力比较优秀的人。你可以根据自己的喜好，开始想象不同的场景，但最好是你曾经去过的，或者一直想去的地方，如在清晨的山顶呼吸新鲜空气、在美丽迷人的海边晒太阳，等等。尤其是当工作疲劳或压力过大的时候，最适合使用想象法进行自我催眠，只要根据自己的需要来进行想象，就可以获得美妙的催眠体验。

　　自我催眠想象法最好是在一个安静的、光线较暗的房间中进行。在进行之前，将身体靠在沙发上或者躺椅上，全身放松，不宜穿着过紧的服装，否则将有碍于全身放松。眼镜、领带、手表、项链、戒指等也要摘下。如果喜欢的话，也可以放一些轻柔的音乐，最好是没有歌手唱歌的自然音乐，比如钢琴曲、小提琴曲等。如果配合和想象内容有关的音乐，效果会更好。

　　进行想象法自我催眠，首先想象你的眼前和四周有一片云雾，在云雾的上空就是太阳。云雾代表障碍、压力、疲劳和困难，太阳代表着成功、创造和智慧的光芒。想象中的太阳最初可能会比较朦胧，以后云雾会逐渐消散，太阳渐渐变得明亮，放射出自由、幸福、美好的光芒。这同时也是暗示自己将会越来越好，身体越来越健康。自我暗示的步骤如下：

　　"好，现在请缓缓地舒展一下身体……找一个你觉得最为舒适的姿势坐好或者躺好……做几个深呼吸……慢慢地闭上眼睛……闭上眼

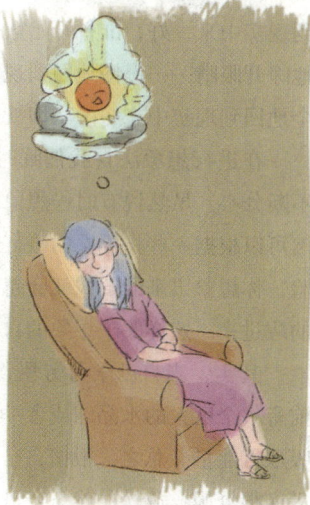

晴以后，继续缓慢地呼吸……呼吸……呼吸……心情随着缓慢地呼吸渐渐地平静……非常平静……非常舒适……数3下，1、2、3，眼前出现了一片云雾，云雾在身体的周围缭绕，看见了云雾、云雾……右手的小指动一下，数3下，1、2、3……这些云雾对生活、学习等构成了障碍……它代表着不满、失败、压力、挫折、疲劳，它影响了生活……这些云雾让人感到困惑，感到为难，使自己的情绪感到不快……而现在，在这些云雾的上空，出现了太阳……出现了太阳，这太阳有一些朦胧，还有些看得不很清楚。但是它的确存在……这也让人看到了希望……太阳慢慢清晰起来……比刚才看得更清楚了一些……

"阳光逐渐变得明亮，它代表了成功、创造和智慧，你看见阳光渐渐地穿过了云雾……渐渐地穿过了云雾……云雾开始慢慢蒸发，而你自己的双肩开也始感到轻松……太阳照射云雾，强烈的阳光将云雾完全驱散了……完全驱散了……驱散了，只剩一轮红日，一轮红日……太阳光照在身上，暖洋洋的……暖洋洋的……太阳光照射进大脑中，你的大脑中也是一片光明……一片光明……把这些太阳光分别命名为'自信力''集中力''创造力''成功力'以及自己所希望的名称……现在已经很清晰地看到了太阳……阳光照耀下越来越舒适……越来越温暖……

"你把太阳的光芒充分地吸收进体内，使你自己的身体里也都充满了光明，甚至开始发光……现在你数20下，当你数到20时就会自然地苏醒过来，回到现实中来，好，准备开始数……1，2……20，慢慢地睁开你的眼睛……慢慢地睁开眼睛……慢慢地回到现实中来……苏醒，好，已经醒过来了……完完全全地回到现实中来……一切恢复清醒状态……回来了……回来了……"

在进行想象法自我催眠时，必须完全集中你的注意力，不要受外界影响不断分心。虽然说有时候想象出来的图景可能会不太清晰，不过没有关系，依然可以根据一些指导性的语言来进行暗示。经过了几次自我催眠之后，有了经验，你想象出来的图像就会越来越清晰。最后，要暗示自己更加清醒、有活力的醒过来。这样关于想象的自我催眠就完全结束了。

其实，当自己学习劳累、工作疲劳或者压力过大的时候，也可以想象面前有一个巨大的水晶球或者一道温暖的白光，而你则像一块蓄电池源源不断地吸取着能量。总之，根据自己的需要进行合适的想象，让自己安静下来，就能进入很舒服、放松的状态，进行积极的自我暗示以后就能达到轻松美妙的催眠状态，最终取得好的效果。

腹部调控法自我催眠

　　腹部调控法，也称"揉肚子催眠法"，是一种比较特殊，但又特别舒适的自我催眠法。它可以非常好地调节你腹部的交感神经和副交感神经，可以使胃、肠、肝脏等腹腔脏器的功能更加强健，更加完善。也可以起到解除疲劳、改善睡眠的目的。一般来说，腹部调控法需要采取仰卧的姿势，而不是按照自己的喜好来选择，这一点一定要注意。现在大家可以参考下面的引导示例进行：

　　"现在，找一个舒适的姿势仰卧下来……慢慢地调整一下呼吸……缓缓地吸气……缓缓地呼气……吸气……呼气……就这样做几个深呼吸，慢慢地闭上眼睛……让自己安静下来……越来越平静……慢慢地吸气……慢慢地呼气……渐渐地，身体放松了……从头到脚都放松了……每一个活跃的细胞也都安静下来……放松……放松

　　"在平缓的呼吸中，身体也随之渐渐地放松了……随着每一次的呼吸，都会使身体更加放松……更加放松……放松……随着平缓的呼吸，身体越来越放松……现在请尽情发挥你的想象力……想象身体的前方出现了一缕阳光……在平缓的呼吸中，这一缕阳光变得越来越清晰……越来越清晰……身体越来越放松……继续放松……

　　"阳光的颜色是一种温暖的颜色……在慢而深的呼吸中，阳光越来越清晰，越来越温暖……好……非常好，在又慢又深的呼吸中，阳光将越来越清晰，越来越温暖……阳光在照向你的腹部……温暖地照向你柔软的腹部……想象温暖的阳光正照向腹部（阳光照射的部位以胸骨剑突和肚脐连线的中间部位最佳）……好……非常好，阳光非常温暖……非常温暖……阳光非常温暖……非常温暖……你的腹部渐渐感受到了……感受到了……

　　"温暖的阳光照在腹部……温暖地照在腹部……阳光非常温暖……非常温暖……照在腹部……温暖地照在腹部……渐渐地，腹部变得非常温暖……非常舒适……非常温暖……非常舒适……温暖的阳光照在腹部……渐渐地，腹

部越来越非常温暖……越来越舒适……越来越温暖……越来越舒适……用心关注自己的呼吸和腹部的一起一伏……好，吸气……呼气……腹部很温暖……很舒适……

"腹部非常温暖……非常舒适……非常温暖……非常舒适……好，就这样，静静地享受着温暖的阳光……静静地享受着阳光……阳光温暖地照耀……照耀在腹部……腹部越来越温暖……越来越舒适……在温暖的阳光中……腹部变得越来越温暖……越来越舒适……有一种舒畅的快感……很舒适……继续感受……

"在温暖的阳光中，腹部变得越来越温暖……越来越舒适……越来越温暖……越来越舒适……好……就这样，静静地享受着温暖的阳光……静静地享受着腹部温暖的感觉……静静地享受着……温暖的阳光照耀在腹部……非常温暖……非常舒适……就是这种感觉……好好享受……

"好，请记住这种感觉……现在，阳光渐渐地消失了，而当你需要它时，阳光会再次出现……现在你身体的感觉完全正常了……完完全全地正常了……好……请慢慢地睁开眼睛……慢慢地睁开眼睛……舒舒服服地回到现实中来……睁开眼睛……苏醒……完完全全地回到现实中来……回到现实中来……好，已经完全回来了……回来了……"

如果说我们前讲述的几个方法是有利于调控心理的话，那么腹部调控法不仅仅局限在心理层面，它更有利于加强生理方面的功能。只要你能找到那种感觉，并且好好地体验和感受，不需要太长时间的摸索，你就能取得非常好的效果。

专注法自我催眠

专注法自我催眠也是一个比较方便的方法，它可以在任何时间、场合进行。例如，在会议开始前、考试前、等人或者午休时，只要你能够找到一张可以坐下的椅子，就可以立刻进行。通过进行专注法自我催眠，醒来以后，会感觉身体就好像被充了电一样。所以，这个方法不仅适合为自己缓解压力、放松心情、增强自信，还可以作为午后补充能量的绝佳方法。

专注法自我催眠一般的进行方式是这样的：伸出一只手，举到你眼睛前面，与眼睛保持水平；也可以把这只手自然地放在大腿上，低头凝视着这只手，然后用力地张开你的手指，让整个手掌张开，集中精力凝视着手掌，静静地体会整个手掌的感觉，感受手心传来的温度。

需要用到的暗示语是可以参考这样的：

"要保持深沉而缓慢的呼吸，集中注意力进行凝视……随着每一次的吸气，都能感觉到小腹在微微地隆起……吸气……呼气……感受吸气时肚子扩张的感觉，然后感受吐气时肚子收缩的感觉……随着每一次的吐气，都把所有的不快、烦恼、忧愁都吐了出去……都吐了出去……把满足、幸福、愉快都吸回来……吸回来……

"继续保持手指用力张开的状态……继续保持，保持大约1分钟……充分地体会手掌的感觉……充分地体会……体会这感觉……现在，开始数数，从10数到1，数到1的时候手指会自动地并拢。体会手指颤动、缓慢并拢的感觉……10，专注地凝视手掌，感觉非常放松……9，手掌在渐渐地并拢，感觉非常放松，非常舒适……8，渐渐地并拢，感觉非常放松、非常舒适……7，专注地凝视手掌，凝视它在渐渐地并拢……6，是的，在渐渐地并拢……5，专注地凝视手掌在渐渐地并拢……

4，手掌在渐渐地并拢……3，渐渐地并拢……2，并拢……1，并拢……如此重复数次，直到自己可以明显感觉身心都比平常更为放松，注意力更加集中，即可进行下一步。

"现在，你感觉非常放松、非常舒适……越来越放松，越来越舒适……继续凝视着手掌，保持深呼吸……渐渐地眼睛感觉非常疲倦，无法再坚持凝视了……眼皮已经睁不开了……眼皮感觉很沉重……很沉重……眼睛正在慢慢地闭上……慢慢闭上……好，慢慢地闭上你的眼睛吧，自然地闭上眼睛吧……慢慢地、自然地闭上眼睛吧……现在你已经进入舒适的催眠状态……你会感到更加轻松……更加舒适……"

在这样的状态下，只要再按照自己内心的愿望对自己进行暗示就可以了，比如，"我会度过一个非常美好的下午""我能圆满地解决这件事情""我会在醒来之后更加呼吸通畅，心情愉快"，等等。醒来以后，会感觉身体就好像被充了电一样。当然，你也可以只是好好地休息一下，在这种催眠状态下，休息也会非常充分、非常舒适，确实是午后补充能量的绝佳方法，要比正常的午睡更加适合。所以对于处于高压下的人来说，多做几次，不但不会觉得不适，反而会有一种舒畅的快感。

有一点需要指出的是，在利用专注法进行自我催眠的时候，很有必要加上保护性的指导语："任何时候，我被人打搅或者遇到其他事情需要我及时醒来，我都会非常愉快地、非常轻松地醒过来，不会有任何不舒适的感觉。"这条保护性的指导语能够避免你被人打搅时出现感觉不适的情况，或者避免与他人冲突的可能。经过多次练习和体会，你会渐入佳境。

呼吸法自我催眠

呼吸法其实是众多方法中最简单、最易学的自我催眠方法。在运用呼吸法自我催眠时，可以采取仰卧位或者坐姿，也可以是其他姿势，总之只要自己觉得舒适就可以。

可以参考以下的引导示例：

"好，现在请舒展一下你的身体……找到一个你觉得最为舒适的姿势坐好或者躺好……把身体调整到最舒适的姿势……好，非常好……现在，请慢慢地闭上你的眼睛，开始完全放松……放松……现在，自由地，轻松地呼吸……对，按照自己想要的速度自由地呼吸……就在这一刻……任由心中的想法自由地浮现……好，吸气……呼气……非常轻松……非常舒适……

"就像这样，顺其自然地吸气，呼气……对，就是这样，吸气……呼气……这样自然地呼吸着……渐渐地，会感觉到四肢非常温暖……非常沉重……对，就这样，会感觉到四肢非常温暖……非常沉重……非常温暖……非常沉重……好，用心去感受那种沉重……继续放松……呼气……吸气……

"四肢就像浸满了温水的海绵，软塌塌的……非常沉重……很温暖……好，就这样……四肢非常沉重……非常温暖……四肢就像浸满了温水的海绵，软塌塌的……非常沉重……非常温暖……非常舒适……继续轻松的呼吸……内心越来越平静……越来越平静……

"在这个平静、舒适的状态下，心脏在轻柔地跳动着……呼吸中，会感觉到心跳很轻柔……非常缓慢……非常轻柔……非常缓慢……心跳非常轻柔……非常缓慢……非常轻柔……非常缓慢……呼吸逐渐均匀……感觉非常舒适……不知不觉间……呼吸变得越来越平和……越来越顺畅……非常平和……非常顺畅……呼气……吸气……就是这样……继续保持……

"现在，你身体的感觉完全地正常了……好，请你慢慢地睁开眼睛……睁开眼睛……回到现实中来……你身体的感觉完全已经正常了……完完全全地回到现实中来……回到现实中来……好，你已经完全清醒过来……就在原地，轻轻地拍打自己的身体，缓缓地向左右摇晃几下头，感觉到非常舒适，非常自在……轻轻地拍打自己的身体，缓缓地向左右摇晃几下头，感觉到非常舒适，非常自在……非常舒适，非常自在……太舒服了……太自在了……随意地看看远方……伸伸懒腰……感觉好极了……"

在进行呼吸法的时候，可以尝试着结合前面讲述过的放松法，效果将会更加明显。

第五篇

催眠术即学即用

PART 01
远离生理疾病

不再失眠

你度过了漫长而又艰难的一天，持续3周的工作昨天已结束。你需要好好地睡上一晚。你躺在床上，闭上眼，但是你的大脑在思维。一个想法进入你的脑海，在它消失前另一个又来了。时间过去了。你知道你需要休息，你无法休息，你开始害怕今晚睡眠不足，明天无法打起精神。害怕越来越强烈。你的感觉越来越清醒，睡眠又一次抛弃了你。

既然催眠法的深层次催眠状态是警觉意识和睡眠的过渡阶段，我们就会知道基本放松意念法能够帮助人从清醒顺利过渡到睡眠。如果首先清楚自己的睡眠方式，消除导致失眠的外在因素，催眠法的效果会更好。知道阻碍自己睡眠的因素之后，你可以设计一个强有力的意念法，并且长期受益。

你的睡眠方式

你的个人睡眠方式可能是下列形式之一：你可能每晚因为睡眠而痛苦焦虑长达数个小时，最后睡一会儿；上床后立即入睡，但是半夜会醒来，直到起床再也没有睡着。无论哪种情况，你在早晨起床时都感到精疲力竭，就因为睡眠的数量和质量不足。你觉得必须好好休息，这样做事才有精神，效率才会高。

无论你的睡眠方式是哪一种，它都有具体的成因。为了学会快速入睡，

你必须知道自己失眠的原因。有一些重要的因素影响晚上的睡眠，这些因素是如此明显或简单，以至于你认为它们不值一提，但是它们非常重要，因为催眠法无法解决这些情况。

你晚上无法入睡是因为需要医疗照顾或专业指导。这包括你在床上时对酒精或化学药品的依赖、长期的压抑、腿的疼痛等。如果你属于其中任何一种情况，那么有必要在使用催眠法前解决这些问题。

你晚上无法入睡是因为白天服用太多的刺激物（咖啡、黑茶或任何含咖啡因的饮料）。在白天服用太多的咖啡之后，晚上不可能处于完全放松的状态。

你晚上无法入睡是因为白天的午睡。这会打乱你的睡眠清醒方式，晚上你的身体不会轻易适应睡眠。

你晚上无法入睡是因为你在睡觉前参加了令人兴奋的身体锻炼或精神活动。在跑一两里路、工作、投入的对话，或活跃的精神活动后，你无法在床上轻易地睡着。

你晚上无法入睡是因为你在心里把床与活动相联系。如果你在床上打工作电话、写报告、写信、看电视、缝纫、写年级论文、核算账簿，你的床就被认为是活动中心。你的床应该是放松的地方。把床与睡眠相联系你才能准备好高质量的睡眠。

如果你拥有上面任何一种问题或情形，你就需要采取办法解决。这是改变你睡眠方式的前提。

测验你的环境和身体状态

在使用睡眠意念法前有两处需要做出适当的改变。睡眠环境中任何干扰因素都要排除。身体中任何紧张处都要放松。通过创造有利于睡眠的气氛，你能最有效地利用睡眠意念法。

你周围的环境需要体现休息和放松。温度不能过高或过低。空气必须流通。尽可能地保持安静和黑暗，除非你发现某些声音（潮水涨落的声音）或微暗的灯光会让人舒服。考察居住的环境，找出可能干扰你的因素。有没有滴答声音太大的钟？有没有可能会响的电话？如果你和他人共处一室，如果室友是一个问题，你可以用一两晚的独处来实验意念法。

你的身体需要放松。为了感觉身体是否紧张，需要躺在床上做下面的运动。从身体的某一处开始把注意力集中在某一部分（你的脚、脚指头、膝盖、大腿，等等）。当你集中身体的某一部分时注意是否有紧张感，如果有就放松。特别注意头部、下巴、眉毛、脖子和肩可能太紧张。检查是否有些部位因白天过于紧张而疼痛。如果有，把注意力放在那儿，然后放松。

制订计划

意念法帮助你重新设计你的精神活动方式，这样你在睡觉前会感到平静和平和，当你该休息时，你身心自在，你轻柔地进入梦乡。下列积极的建议帮助你消除床上独白。

醒着时也让自己休息。如果你是数时间者，这意味着你总是在焦虑，时间一点一滴地过去，而自己却仍无法入睡。因此，你需要不再关注时间的流逝，你需要停止看时间，而是要告诉自己你在休息，休息是睡眠的第一步。实际上你对自己说："时间不重要，胡思乱想时我也在休息，休息时我的身心自在。"这两句话将帮助你培养新的行为，你不再是一个数时间者。

用积极取代消极。如果你认为自己是个悲观者，你会把睡眠不足当作你无法控制的又一次消极的人生经历。反之，你需要提醒自己白天发生在周围的快乐事情。可能在工作中收到了积极的反馈

愉快的一天

意见，可能因为说过或做过的事情而受到表扬，可能因为外表受到赞美，或得到某个人的邀请，很明显他对你的公司很感兴趣，并高度评价。别再关注使你无助的事情。你不再悲观，并练习下面肯定的话："今天发生了一些快乐的事情。明天会有更多的积极事情。"这个新的想法将帮助你确立新的行为，你不再是一个悲观者。

晚上时间与睡觉时间没有联系。如果你是一个安排者，则需要把你的问题丢在一边。不管它们是真实或是想象的，都留到白天去处理。如果你是一名安排者，对自己重复下面的话："晚上我会把问题放在一边。我会在更好的时候处理它们。"同样，这个新想法帮助你确立新的行为，使你从现在起不再是个安排者。

现在从上面的建议中选择合适自己的积极建议，然后写下来。这是你新行为的协议。在催眠法中你会看到这个协议。你将把这些积极的建议融入你的潜意识中去。你不再告诉自己生活是多么消极。你不再认为自己是受害者。写下新的行为方式，然后再有意识或无意识中运用它。

典型的床上独白

当你上床时你的思想开始放松，把白天的问题和事情放在一边。你在睡觉时大脑是如何思维的？思考你在床上时的思维类型。下面有3种你可能熟悉的独白。

数时间者："不要，早上1点半了。我11点就在床上了，现在仍然无法入眠，我怎么办呢？明天我无法工作。我会看起来精疲力竭。我将感到很糟糕。不要，现在快两点了。即使我5分钟内入睡我也只能睡4个小时了。只有4个小时的睡眠我无法支撑。"

悲观者："我睡不着，我完全垮了。最近一切都糟糕透了。我似乎什么都做不成，甚至睡不着觉。生活的每一件事就是那么悲观。"

安排者："我不得不想出一个办法，要不然我会陷入困境……如果我试图……我将这样对你说，你可能这样回答，'唉，没有办法，我也只能原地打转。'如果我……"

想想你属于哪种类型。许多人发现自己3种都是。如果你也是，这仅仅意味着你曾用3种不同的办法成功地让自己无法入睡。

总体意念法

现在停留在你想象的地方，除了这个地方，你无其他地方可去，也无事可做。仅仅休息，仅仅让自己漂浮，漂浮在甜美的梦乡。当你漂浮时看见你的协议，看见你写的内容，看见那些积极的话语、思想和目标，看见你写的内容并知道这是真的。

你的新的、积极的想法是真的。你抛弃了消极的想法和感觉。你消除了身心、思想上的压力和紧张。在你越来越放松时，一个新的、积极的建议越来越强烈。让自己慢慢进入梦乡。当你进入到甜美的梦乡时让那些积极的建议留驻在脑海中。现在意识到自己是多么舒适、多么放松，你的头和肩都放在适当的位置，你的背被支撑着，你对周围正常的声音越来越没有感觉。当你进入梦乡时你可能感到有消极的思想或担忧出现在你的脑海，试图打扰你的睡眠，打扰你的休息。仅仅把这个想法扫起来，如打扫地上的碎屑。把这个想法或担忧放在盒子里。盒子有一个漂亮的盖儿。把这个盖儿盖在盒子上，再把盒子放在衣柜的最上一层，你可以在其他合适的时间返回来，这个时间不会与你的睡眠时间冲突。所以当这些不受欢迎的想法出现时，把它们打扫到盒子里，用盖子盖在盒子上，把盒子放在柜子的最上一层，然后顺其自然，继续进入梦乡，越来越沉。

思想回到你的积极想法和积极话语之中来。让那些思想从脑海中浮现出来，如"我是有价值的人"。让积极的想法从脑海中浮现出来。让它们飘浮，你可能看到它们慢慢后退，慢慢后退，你越来越放松，越来越困，越来越困，越来越放松。想象自己在平和的、特别的地方，感觉舒适又放松。

整晚你都睡得很香，如果你醒来你只需要再一次想象那个特别的地方，然后漂浮，返回甜美的梦乡、甜美的梦乡。你的呼吸是如此轻松，你的思想也放松下来，你漂浮在甜美的梦乡，整晚无人打扰。你在计划的时间醒来，感觉精神百倍。现在无事可做，仅仅享受你的特别地方，你的特别地方是如此平和、如此放松。仅仅想象在你特别的地方是如何放松。

可能你还会体验到其他不同与精彩之处。仅仅是体验漂浮，所有的思想都在后退，漂浮在甜美的梦乡。漂浮在舒适、自在的梦乡，当你躺在床上时你的身体越来越沉，越来越放松……

晕车（船）不再烦恼

发生晕车（船）的原因有很多，不光是来自于生理方面的因素，也有的是来自于心理方面的因素，更多的情况下则可能是两种因素兼而有之。从生理方面来看，晕车（船）是由于耳部深处掌管方位、平衡感觉的半规管在不规则的颠簸下过度兴奋、引起自律性神经失调，对内脏造成副作用而引起的。从心理方面来看，晕车（船）则都是由于消极的心理暗示所导致的。譬如，曾听别人说乘坐长途汽车或者海轮肯定得晕，或者是在乘车（船）的时候，看到别人晕，自己也会觉得心里难受。通过催眠疗法，引起晕车（船）的身心两方面的因素都可以得到控制与矫正。只要坚持练习，就可以逐渐减少晕车（船）的次数。

他人催眠法和自我催眠法都对晕车（船）的治疗有一定帮助，下面我们来分别予以介绍。

由催眠师实施的他人催眠法通常是这样进行的，首先要将受催眠者导入催眠状态，在催眠状态中，要求受催眠者进行自我想象，想象晕车（船）时的情景。具体的暗示指导语是："你现在正在乘坐汽车，因为行驶道路不平坦的缘故，所以车子颠簸得比较厉害。你看，车子又在颠簸了……当车子颠簸的时候，你的情绪就会受到影响。同时，浓烈的汽油味更使你心里感到非常难受……你体验，体验这种晕车时的难受的感觉……"接着再对受催眠者暗示："现在你虽然非常想避免晕车，但是越是这么想晕得就越是厉害。我来帮助你，只要你按我说的去做，你就会渐渐地感到舒服起来。首先，你要深呼吸，深深地呼吸四五次……要趁车子颠簸的时候进行深呼吸，同时身体也随着车子的颠簸而摇晃。只要你这么做，你的情绪就会渐渐地

稳定下来。现在，我从10倒数到1，我每倒数一个数字，你的情绪就会稳定一点，当我数到1的时候，你的情绪就会完全稳定下来，肯定是这样，绝对不会错的！好的，准备好，我开始数了，你会越来越轻松、越来越平静的，10……9……"

在数数字结束之后，催眠师应当再继续进行暗示予以强化："现在，虽然车子非常颠簸，你的身体也随之摇晃不定，但是你的心情却一点不会受到影响，而是尽情地欣赏窗外美丽迷人的景色……从此以后，你绝对不会再晕车了，你会感到乘车旅行是一种非常美妙的享受，在憧憬与向往中你也可以与身边陌生的人谈论……"

晕船的催眠治疗亦如此，只要对里面的具体词汇进行必要的改动即可。

自我催眠法的实施过程是这样的：以腹式呼吸渐渐地使心情平静下来，再进行放松法、温暖法的自我催眠标准练习，在轻松温和的气氛中渐渐进入催眠状态。然后进行想象法练习，每日实施2次想象法，持续数周以后，无论在生理上还是心理上，都会在潜移默化之中增加对乘车（船）眩晕的抵抗力，渐渐地就会达到克服晕车、晕船目的。除此之外，还应该加强体育锻炼，增强体质，从而更好地预防晕车、晕船状况的发生。

治疗消化不良及厌食症

引起消化不良的原因有很多种，诸如经常过饿或过饱、暴饮暴食、冷热饮食混杂无序、血亏、烟酒过度、神经衰弱，等等。具体表现症状是胃酸过多、腹胀、腹痛、茶饭不香、食量减少、便秘，等等。这些问题常常让人头痛不已，然而，催眠疗法却能有助于解决这个难题。

借助催眠疗法治疗消化不良，首先要做的是找出诱发消化不良症的具体原因，因为这和进行催眠过程中的暗示语时直接相关。找到处于核心地位的病因之后，还是要先将受催眠者导入中度催眠状态，在中度催眠状态中进行暗示，这样的治疗效果会更好。

暗示可以分3个步骤进行。第一个步骤旨在去除疾病发生的原因。譬如，如果消化不良是由神经衰弱而引起的，那么就应当着重暗示其神经衰弱的症状消失，或是经过催眠师的治疗已经痊愈。如果是由其他原因引起的，那么就以相应的暗示指导语予以消除。这样的暗示要反复进行多次。暗示的第二步骤是对肠胃功能的肯定："你的胃液和肠液的分泌非常旺盛，所以，你的消化能力非常强，这一点不用怀疑。"暗示的第三个步骤是对其消化能力的进一步肯定并加以激励。"由于你的消化能力已经转为正常，因此，肚子常常会有饥饿的感觉，食欲大增，消化功能非常好……"严格按照上述的三步程序进行暗示治疗，一般可以收到良好的效果。另外，在催眠状态下，要加强受催眠者的自我调节和自我控制能力，要使他发觉自己战胜疾病的关键是提高自己的自信心，而不是让受催眠者感到催眠师的力量。

较之消化不良症，厌食症病情则更加严重一些，患者常常是无法进食，一吃下去就要呕吐出来。由于无法获取能量，患者通常会是面黄肌瘦、精神不振，身体各种机能都受到很大的影响。对于厌食症的催眠疗法一般也是分为3个步骤：第一个步骤，暗示——暗示其有饥饿感；第二个步骤，回忆——回忆在未发病时，吃美味菜肴时的快乐情景；第三个步骤，幻想——幻想面对美食垂涎欲滴的情景。有催眠师曾经用催眠疗法为一位严重的厌食症患者彻底治愈了病症，解除了痛苦。这位患者是一个跳高运动员，平时食欲非常好。因为总是担心发胖影响跳高成绩的提高，故而节食减肥。谁料，事与愿违，不久便得了厌食症。她辗转各大医院都未能缓解病状，只得靠注射葡萄糖和吃水果来维持生命。后来经人介绍决定接受催眠治疗。催眠师先是进入她的潜意识领域，详细了解病情后，逐渐纠正她潜意识中的较为偏激的观念，从而达到治愈的目的。

在深度催眠状态中，催眠师首先对这位运动员进行饥饿暗示，并描述了味美可口、佳肴珍馐的宴会情景。然后，再反复下

指令要求她回忆以前每次运动之后，津津有味地聚餐的场面。与此同时，给予她强有力的直接暗示："现在就想吃了，你的肚子已经很饿、很饿了，现在特别想吃，马上就吃吧。"这位运动员按照催眠师的指令，毫不犹豫地吃起饭来，脸上同时洋溢着喜悦与享受的表情。

接下来，催眠师又暗示道："事实已经证明，你是想吃饭的，也能够吃饭，因此，今后你也不会有厌食的表现了。醒来以后，你能像平时一样正常地吃饭，你的厌食症已经完全治愈了。"催眠结束以后，这位运动员果然康复如初，再也没有厌食过。

告别脱发

头发对于每个人都有着非常重要的作用，它直接关系到我们的仪表、头部的健康。正常人从出生到成年，一般可以生长100万根头发。在正常情况下，每人每日可脱落60～80根头发，梳头和洗头的时候常出现较多的脱发，这是因为已处于休止期。尚未脱落的头发受到牵拉而脱落，但是如果一个人每天脱落的头发超过100根，从而引起头发稀疏，那就是一种病态了。引起脱发的原因有多方面，选择有生理性的、有病理性的，也有心理性的。得了这种病虽然并无肉体痛苦，但精神上的压力与痛苦却叫人难以忍受。

随着社会的发展和人们生活、工作和学习节奏的加快，人们承受的生理压力、心理压力日益加重，人群中脱发的发病率也是越来越高。对于患有脱发症的人来说，找到自己脱发的原因，才对更好地去治疗。导致脱发的直接诱因通常有以下几方面：

精神因素

精神上的紧张、不安、忧郁、烦躁、恐惧等均能导致神经功能紊乱，使毛细血管持续处于收缩状态，毛囊得不到相应的血液供应，最终导致头发的脱落。

饮食因素

动物类食品为人体合成适量的雄性激素提供了必要的条件。而雄性激素如果分泌过多，就会促使人的皮脂腺分泌旺盛，这个时候正常人的头皮上存在的一种噬脂性真菌就会大量繁殖，该真菌在获取营养和排放代谢产物的过程中可刺激头皮一级毛囊，形成慢性炎症，使毛囊逐渐萎缩，生成功能逐渐衰退。因此，合理的饮食既有助于头发的生长，又有助于身体的健康。

洗涤不当

对于脂溢性脱发患者来说，头皮皮脂的积聚会对皮脂的分泌形成一种负压，从而减慢其分泌的速度。如果这个时候还频繁地洗头，再加上洗涤用品的刺激，在一定程度上会导致或加重脱发的发生。细心呵护头发可预防脱发。在头发处于湿润状态时，头发更加脆弱，所以一定要正确洗涤，还有，现在非常流行对头发染、烫、卷，这样都会损害头发。

其他原因

脱发在秋冬季节发病率比较高，可能与气候干燥直接影响皮脂腺的分泌，影响到人们的心理状态有关。

对于患有脱发症的人来说，催眠疗法或许是一种不错选择。由于脱发症是一种自身免疫性疾病，催眠也有助于身体一些免疫系统的改善，以此达到治疗的功效。催眠有助于患者精神的镇定和安康，从而促进药物对脱发的疗效。多数催眠专家认为，催眠有助于血液在脑部和大脑皮层内的循环，从而促进脱发部分的头皮得到滋养而重新恢复活力。

治疗脱发的催眠过程是这样的：

让病人采取卧位或坐位，使其进入催眠状态，在催眠状态下的暗示语为："你已经进入了非常舒适的催眠状态，现在，你的心情非常平静，非常舒畅。脱发一般是由精神紧张造成的，精神突然紧张或者长期紧张，就会造成植物功能失调，使头皮和头发供血发生障碍，如果头皮的某一部位影响特别严重，就会引起该部位突然脱发。因此只要心情舒畅，自主神经功能障碍就会排除，这样，脱掉的毛发就会再生。现在，你的心情非常舒畅，你一定要永远保持心情舒畅。你现在的自主神经功能已经增强，脱发部位毛囊内的营养已经改善，不久头发就会慢慢地长出来。要注意放松，全身心地放松，催眠会帮你增强免疫力，让你的毛孔缩小而不易掉发。

"你要坚信，也一定要记住，你脱发部位的头发必定会逐渐地长出来。为了加速头发的生长，我现在开始按摩你脱发的部位，在按摩的时候，你会感觉你的头皮逐渐发热，这样局部血液循环就会迅速改善，就会有力地促进头发的再生，以后你就不会再脱发了。"

然后，催眠师用食指指腹由轻到重、由慢到快反复按摩、揉擦脱发部位，直至病人被按摩、揉擦的部位有了明显的热感为止。注意，催眠师力度的掌控以受催眠者舒适为准。

"现在，你已经明显地感到被按摩部位的头皮发热，这种发热的感觉会始终保持下去，即使你从催眠状态醒来以后，只要你注意和体验，这种温热舒适的感觉还同样会存在。肯定会存在，也就是说，你脱发部位头皮血液会始终非常流通。现在你脱发的病因已经消除，脱发用不了多长时间就会彻底地治愈，那时你的头发就会非常浓密，以后再也不会脱发了。"

之后，唤醒病人，解除催眠状态。催眠治疗应当每周或每10天进行一次，通常需要进行5～10次。一般情况下，脱发如果没有遗传方面的原因，3个月以后就可以长出粗黑的头发。除了催眠治疗以外，保持适当的运动量，经常进行深呼吸、散步、做松弛体操等，消除当天的精神疲劳，头发也会光泽乌黑，充满生命力。

轻松降血压

现代社会，越来越忙碌的人们一方面享受着物质文明带来的种种便利，一方面又普遍面临着超速的工作节奏和激烈的竞争，心理压力非常沉重。长期的环境压力和心理压力，逐渐造成了身体的损害，形成多种身心疾病或心理障碍。高血压病就是现代常见病之一，高血压是指动脉血压超过正常值的异常情况。由于某种原因使血管狭窄，此时压力将升高以保证血流通过，这就是高血压。它可以分为原发性和继发性两种，其中原发性高血压占全部高血压病例的90%左右。高血压的主要特征是动脉血压升高，发病原因与生活环境、精神压力以及遗传等因素有着极大的关联。

例如，人际关系紧张、家庭不和、职业频繁变动、经济收入和生活居住条件不如意，都会导致情绪的紧张、焦虑、恐惧、不安、抑郁、愤怒等的变化，使得大脑皮层的功能失调，引起交感神经兴奋，肾上腺素分泌过多，致使心排血量提高，小动脉痉挛，血压因此而异常升高。高血压对人体危害非常大，不仅直接产生头疼、头晕、失眠、烦躁、心悸、胸闷等一系列症状，病情发展到一定程度，会使脑、心、肾等脏器受到严重损害，并发脑血管意外（即中风）、心力衰竭和肾衰竭。现在，高血压已成为现代社会中的隐形杀手。

催眠疗法对高血压往往有一定的疗效。用催眠心理疗法治疗高血压病，目的在于矫正及解决病人的认识以及情绪方面的问题，以提高其对生活变化的适应能力，从而消除不良心理、生理反应对身体的扰乱与破坏作用，同时也有助于矫正与高血压病有关的不良生活习惯（例如喜欢甜食、咸食，偏爱高脂肪食物，不爱运动等），并直接使血压下降、症状改善。催眠治疗还有助于改善心血管功能及血脂代谢，防治血管硬化，减少脑、心、肾并发症。

治疗高血压的催眠过程是这样的：让病人采取卧位或坐位，使病人进入催眠状态。在催眠状态下可以这样暗示："你现在已经进入催眠状态，无忧无虑地享受着轻松感、美妙感。你头部、颈部的肌肉已经完完全全地放松了。现在，你能体验到这种轻松、舒适的感觉。已经很轻松，感觉非常舒适……

"请注意！你头部的血管已经放松了，头部有一种轻松感，你能体验到这种轻松感，体验到了。现在，血液的暖流已经从你的头部慢慢地流向颈部，流向你的手心，流向你的脚心，你感到全身是那么温暖、舒适和轻松。现在，你的心情非常平静，头已经不再胀痛了，再也不会紧张了，注意，你的血压已经开始下降了……你的血压已经得到了很好的控制。以后，你和任何人一样，仍然会受到各种不良的心理刺激，你一定要学会妥善处理，你也一定能够妥善处理，你有这个能力，你不会再自寻烦恼，所有的不良心理刺激都没有什么大不了的，即使暂时处理不了，你也会泰然处之，至多加以回避。你再也不会为此而紧张、不安，为此而焦虑和痛苦。这样，你的情绪就会始终处于积极的平静、快乐的状态，你已经对自己充满了信心，现在的你非常轻松，非常舒适……

"以后，你也要改变所有不利于高血压病彻底康复的不良的生活习惯，不要贪吃甜食，也不要吃得太咸，不要过分食用高脂肪的食品，要尽量清淡，不要抽烟，最好也不要喝酒，特别是不要喝过量的烈性酒。要适当地做点运动，例如打球、散步、参加舞会等。同时，你也应该坚持服药治疗，不要随便自行停药，要遵医嘱。要心态平和，改善睡眠状态，保证睡眠时间……这样，你就会始终保持正常的血压，久而久之，你的高血压病就会彻底地治愈，完全治愈……你要坚信，高血压病只是一种身心疾病，凡事只要想得开，就一定能彻底治愈，一定能够治愈。

"现在，我要唤醒你了，你醒来以后会感到非常轻松愉快、精力充沛，血压已经完全正常，高血压病的各种症状在你的身上也已经消失。好，准备好，我从5数到1，当我数到1的时候，你就会完全地苏醒过来。5……"唤醒病人，解除催眠状态。

为了能经常进行催眠暗示，可以采用自我催眠的方法进行自我治疗，暗示语里对应的词语稍加改动即可。如果每天进行半小时的自我催眠，一般会收到积极的效果。经过催眠治疗后，患者会感到身体轻松，心情舒畅，精神饱满，血压慢慢降低。

自然分娩

你现在要参加一个快速词语关联游戏。看一下下面的词，然后把闪过你头脑的词大声说出来：分娩、医院。

上述两个词常见的相关联系通常是分娩——努力，医院——生病。

这两个关联与自然分娩是相矛盾的。分娩不一定是困难、艰难的任务。一个马上要生产的妈妈通常是在医院里，但不是生病了，因此也不能像生病一样治疗。自然分娩训练要求母亲把分娩看作一段时期的活动，精神集中的、自信的时期，而不是把它看作是一段消极、经历痛苦的时期。麻醉被控制在最低程度，或者是完全不麻醉。不用药物，母亲可以在生育中发挥主动性，将分娩看作是完成一件积极的事情。

催眠可以用于自然分娩过程，简单地说，一些普通的方法能让你学会有效地深呼吸和放松技术。任何自然分娩项目所建议的练习都必须按照推荐定期遵守。它们特别有助于在怀孕期间强壮你的肌肉，在分娩过程中提供有效的推力，为产后提供健康的肌肉强化。在分娩过程中控制肌肉的一个重要结果是提供一个更规则的、舒适的分娩。所学的分娩前的呼吸技术训练教你在分娩过程中如何随子宫的收缩进行有控制的、放松的呼吸运动。这种帮助性的活动使你的注意力从子宫收缩的不适感转移。通过呼吸和肌肉的控制，你将调节分娩过程，而不是你被这个过程调节。

如果你花一定的注意力、时间和精力来建立催眠—自然分娩关系必要的支持系统，这种关系产生的效果能达到最好。你需要做以下几点：

保持良好营养。在怀孕期间很容易忘记一点——你消化的食物是你的婴儿会收到的唯一营养。怀孕期间良好的营养除了提供婴儿必需的维生素和矿物质之外，还要为你提供能量；更换体内死亡的细胞；帮助调节你的肾和肠；维持和提高你的皮肤条件；为哺乳做好准备。

因此，提高蛋白质摄入量和吃富含叶酸的食物是非常重要的。叶酸缺乏将导致贫血，而这种贫血不能通过提高铁的摄取量来改善。

你也需要特别注意提高钙的摄取（牛奶和奶酪）。在怀孕的后四个半月婴儿的骨骼开始骨化，对钙的需求量增加。如果你不能摄取大量的钙为婴儿提供附加的钙，他将会从你的骨骼和牙齿中摄取。

吃大量含铁的食品（牛肉、肝、牡蛎、菠菜）是非常重要的。但是，即使你经常吃这些食物，也不能确保你摄入足够量的铁。因此，最好是检查你摄入的铁，咨询医生或其他健康专家，根据他们给你的建议在婴儿出生前补充铁和维生素。

防止压力困扰。怀孕期间的压力不仅影响你，还影响婴儿，并且会影响到怀孕、分娩和分娩后不同时期的很多方面。

休息和睡眠。与怀孕后期的几个月相比，你在怀孕的前几个月中更容易感到疲劳。因为你的身体正承受着根本的改变，你应知道你需要休息。每天下午打盹和每天晚上8小时的睡眠，能够帮助你维持一般的休息和在暗示下的放松。如果在休息好了之后

进行生育，你将有足够的力量和耐力，更容易集中注意力。

保持积极的态度。你的态度对于怀孕的难易程度和分娩的时间长短都是至关重要的。如果没有情感和脾气上的变化，那你将是一个不正常的孕妇。不要责怪自己，相反，要试着认识到易怒、紧张、时常流泪的主要原因是由于激素分泌紊乱导致的。因此，保持情感正常的同时，承认这些反应。一旦你认识到你的消极情感，给它一些时间让它自己暴露出来，然后用一种强烈的、积极的情感去对抗。想象给你提供情感的、社会的、智力的或经济上的需要的某个方面，正在变好。

疼痛因素

前面所述的行动和条件都是促进积极生育的。只要认识到这些行动，并满足这些条件，催眠和分娩就可以相互结合起来发挥作用：

让你经历一个健康的、积极的怀孕；

减少或消除疼痛；

提供成功生育经历的因素；

享受有益的、愉快的产后阶段。

这4个目标中，第二个是最重要的。由于这个目标的重大，需要特别仔细的研究。

很多人将生育与疼痛联系在一起。当一个女人开始分娩的时候，这种联系让她感觉自己要经历疼痛。但是，当大脑在一定时间只接受一个强烈刺激时，它才感知疼痛。这意味着来源于多种强刺激的信号将作为干扰信号减轻或者消除疼痛感。下面的练习就能证明这一点。

捏住你手部拇指和食指之间多肉的部分。捏的力量要足以感到轻微的疼痛。把注意力集中在这个疼痛上，不要想其他的事，只想着疼痛。

将你的注意力集中在墙上的一幅画。看着画，同时用同样的压力捏你的手。然后，继续捏着，注意力只集中在画上，研究画的内容、颜色、风格、形状和细节。当你把注意力集中到其他事物上，而不是你的手时，你会发现你的手没有那么疼了。你可能根本就没有注意到任何不适的感觉。尽管生育的疼痛比捏手要严重得多，但催眠技术能让你在生育过程中使用同样的"再定向技术"。你可以训练转移自己的注意力，并成功减少或消除疼痛感觉。

在分娩过程中，子宫发生收缩，这种刺激信号被发送到大脑，大脑选择一种反应。对疼痛最基本的反应是紧张，这会扩大不良的感觉。没有经过训练的女人没有其他反应可以用，没有其他东西可以让她集中注意力。

但是，你还有另外一个选择。你可以重新解释疼痛。在分娩的过程中，当子宫收缩的信号发送到大脑的时候，你的新反应将是有控制的放松和正确的呼吸，正如你在自然分娩培训中学到的。

改变结果

分娩诱导目的是为了帮助你以一定的方式进行思考、感觉和行动。诱导通过提供暗示重新编制你的潜意识。下面是一些你需要完成的特定目标。

放松。诱导的第一部分让你在身体和情感上放松，让你在整个怀孕期间以及产后释放正常的压力，帮助你保持平静。诱导暗示："让你舒适，放松你全身从头顶到脚趾尖的全部肌肉。"

可以与未出生的孩子交流。一些人认为女人和她的婴儿不仅仅是在身体上连接在一起，在情感和精神上也连接在一起。你可以让你的婴儿知道你是爱他、想要他。诱导暗示："想想你多么想要你的孩子，你能给你的孩子多少爱。现在，想象把你的爱转移给你的孩子，用爱包围子宫，想象你的爱就像柔和的光线包围着孩子。"

你会编制一个疼痛控制的思想。正如前面所述的那样，你可以通过将你的注意力转移到另外一个地方，一个远离子宫收缩带来的不适感的地方来分散自己的注意力。诱导将你带到特定地方，一个充满和平、平静的地方。可以是在海边、森林、草地任何能使人感觉平静的地方。它甚至可以是一个不真实的地方，是一个你自己创建的想象的一个地方。诱导暗示："在你感觉到不舒适的时候，将你的

宝贝，妈妈爱你

思想转移到特殊的地方，均匀地呼吸，你知道你该做什么。你感觉到自己被推动、呼吸，感觉舒适，一切都在控制之中。"

你将成功分娩。有了积极的想象，将增加快速、轻松分娩的机会。诱导暗示："你的分娩从任何方面来说都是成功的，你的孩子生下来以后既健康又强壮。"

你会享受一个积极的产后阶段。能量缺乏、激素分泌不平衡、缺乏自信、自我形象差或者仅仅是正常的母性需求，都能导致产后的抑郁。诱导的最后一部分是为了帮助你在生育之后维持一个积极的情绪，增强自我形象。诱导暗示："想象你自己与孩子在家里，你是一个正常的母亲，你天生就知道如何照顾孩子。你满心热情地接受生活中的变化，你把困难看作是挑战。你看见自己在微笑，对你自己以及你的生活感觉好极了，看到自己是一个富有魅力的、能干的、富有爱心的女人。"

完整诱导

想象你在一个特殊的地方，感受一股和平、平静的暖流流过你的身体。你感觉放松，你的背放松了，你的胃放松了，你的宝宝很安静、很放松，现在让你自己漂浮到一种放松的舒适状态，把你感觉到的巨大的爱传递给你宝宝。想想你有个多爱你的宝宝，你能给予他多少的爱。想象你将那种爱给予你的宝宝，用爱包围你的子宫，包围你的宝宝，想象这种爱如柔和的光一样照耀着你的孩子。轻轻地在心里对你的孩子说并把这个信息传递给你的宝宝："我爱你，我在焦急地等待着你的到来。"轻轻地在心里说，"我们想要你"。再说一次"我们想要你"。

想象你的孩子正在微笑，他收到了你的信息。继续放松，放松你的身体。在你继续放松的时候，想象生产的日子来临……

你感觉到分娩的第一个暗示，你很容易能适当地呼吸并控制肌肉。你平静、放松，正确地呼吸。每当你感觉到不适的时候，将你的思路转移到你特定的地方，均匀地呼吸，你知道该做些什么。每当你感觉不适的时候，你知道需要做什么，准确地知道该做些什么。想象生产，在需要的时候往外推，正确呼吸，感觉舒适，你的思想在远离你的特定的地方，你经历生育的过程，你感觉自己在推，在呼吸，感觉舒适，这些都在控制之下，放松。你很舒适，完全在自己的控制之下，放松。你很舒适，完全在自己的控制之下，放松。你的分娩从各个方面来说都是成功的，在各个方面，孩子生下来之后健康又强壮，健康又强壮。

现在想象你和你的孩子在家，你是一个天生的母亲，你天生就知道如何照顾你的孩子。你在享受母性，你愉快地接受生育带来的改变，你把困难作为挑战，能满足你和家庭的需要。你正看见自己在微笑，感觉自己和生活都很好，你看见自己是一个富有魅力、有能力和有爱心的女人。这个想法可以反复地想。现在在你的特殊场所再放松一会，然后你开始恢复到完全的意识状态，感觉精神的放松和振奋。

有了一定准备和训练，你就能够期望享受一个健康的怀孕期，控制分娩，并减少或消除疼痛。生育之后，你将发现自己精神状态很好，拥有积极的态度。

病例研究

劳拉，26岁，卡梅伦，30岁。他们正期待第二个孩子的降生。劳拉的第一次生育充满了痛苦。她的第一次生育的分娩很困难，因此，她认为第二次生育将同样是一个痛苦的经历。她希望催眠能够帮助她加强生育训练，减少和消除疼痛。在整个怀孕过程中，劳拉通过积极的想象练习进行放松诱导和分娩诱导。此外，她还进行呼吸和放松练习，包括肌肉控制。

当分娩来临的那天，劳拉感觉到了分娩的第一个征兆，她开始呼吸练习。她的丈夫作为教练，加强和提示她正确的呼吸和放松技术。当她到达医院以后，被护送到产房，她的意识已处于练习了几个月的分娩诱导的特殊地点。她选择的地点是华盛顿奥林匹克半岛的森林。

劳拉在分娩过程中没有感觉到不适，她完全控制了呼吸、推、放松。她的一部分意识一直忙于生产过程，而另外一部分，即识别疼痛的部分，远远地坐在一个阳光照耀的森林里的毯子上。

有那么一段时间劳拉过于放松，以至于她的产科大夫不得不要求她从她的恍惚状态中恢复过来。她遵从了大夫的指令，但没有感觉到不适。

在分娩之前，劳拉曾想象对孩子说话，告诉她快出来，她告诉孩子他们爱她，迫切想拥有她。孩子似乎收到了她的信息，因为她按时出生了。

PART 02
解决心理问题

治疗恐惧症

　　一天下午，34岁的家庭主妇朱莉，在一个大商场中购物时变得极度恐惧和迷茫。朱莉的心开始不规则地跳动，呼吸困难。她迅速离开商场，回家去给医生打电话。当她进入她的房子，她的症状开始平息。朱莉正经历"广场恐惧症"——一种害怕在公开场合露面的反常的恐惧。

　　在朱莉再次去超市时，同样的恐惧又一次出现。几天以后，她和丈夫一起去电影院看电影，她在停车场里非常害怕，不得不回到家。在接下来的日子里，朱莉不敢出门。她丈夫和邻居帮她做所有的差事。在寻求专业人士的帮助之前，她在家待了整整12年之久。

　　朱莉的恐惧症只是成百上千个对人、地点、事物和情形的非理性恐惧的一个例子。这种恐惧所带来的生理反应从轻微到强烈，程度不等。其症状包括掌心出汗、不规则的心跳、恶心、肌肉紧张增强、喘气、

商场

人好多，好可怕

眼花和眩晕。

不是所有的恐惧都是有害的。实际上，许多恐惧甚至是有益的。例如，一个还没有被教会害怕交通事故的4岁孩子可能在一个两吨重的卡车面前散步。在这种情况下，恐惧是有用的，对于个人安全是有益的。

如果一种恐惧没有用，也并不意味着一定是有害的。事实上，几乎所有的人从生下来之后都经历过无用的恐惧，例如对蛇、蜘蛛的恐惧以及恐高。对无用恐惧形成简单恐惧症的人，通常是通过避免引起恐惧的特定事物、动物或情形而能够正常生活。例如，在生活中患有恐羽毛症或恐蛙症的人，仅仅需要远离羽毛和青蛙。如果恐惧症不影响到感情、工作或生活，就不需要进行治疗。

可以通过回答以下几个问题评价恐惧对你的影响程度。

恐惧是否占据了我很多时间？我是否总在去想它？

恐惧是否使我做事艰难？是否使我改变行驶路线，而绕道5公里去上班？

恐惧是否影响生活中的其他关系？

恐惧是否影响我的生理状态？手是否经常颤抖？脉搏是否经常加速？是否总头疼？是否恶心或眼花？是否口吃？是否抑郁？

如果你对以上任意一个问题回答"是"，你可能就需要进行治疗了。

解开恐惧

恐惧可能在你生活中已经根深蒂固，即使知道了原因似乎也是不可能解开的。但是，不管导致恐惧的对象是什么——狗、雷暴、癌症、火、死亡，或被其他人接触，恐惧产生的原因主要是以下5种：

第一，你的恐惧是源于极度的压力。压力能够被抑制很长一段时间或者抑制到一个程度，以至于以另外一种形式表现，即非理性恐惧的形式表现

出来。你可能正承受大量与特定事物、地点和情形相关的压力，但是这些压力将以对其他事物、地点和情形的恐惧具体化。例如，布伦特害怕穿过城里某个桥。作为一间大律师事务所资历较浅的律师，布伦特在工作中承受着巨大的看不见的压力，经常感觉在与老客户面对面打交道中受到伤害。该律师事务所的办公室坐落于一座桥的对面。布伦特对桥有了一种不正常的恐惧，但他却不愿承认恐怖真正原因是工作中的巨大压力。海伦，一个40多岁的研究分析家，非常害羞，与人交流困难。经过几个她认为痛苦的社交遭遇之后，她对晚上开车感到害怕。这种恐惧使她逃避了大多数社交活动。布伦特和海伦都是将生活中的压力转移到另一个领域，导致所谓的"替换性"恐惧症。通常，在这种由于压力引起的恐惧中，人们会选择那些很容易避免的事物作为恐惧的原因，而不是害怕真正导致恐惧的难于或不可能避免的原因。因此，一个9岁的小女孩可能害怕可以避免的骑自行车，而实际上是害怕她的外祖父（是不可避免的）。

第二，你的恐惧可能是几年来发生的导致巨大焦虑的一系列经历的产物。很多与你自身表现或者处于特定场合相关的恐惧能积累成恐惧的一部分。你可以认为这是一系列忧郁的事情累积使害怕的状态增加并永久保持。

卡尔最害怕参加体育活动。他在8岁那年开始学滑冰时，摔倒并把脸刮破了。10岁时，在地区棒球赛中，自始至终他都受到一个大孩子的嘲弄。高中一年级时，田径教练告诉他需要先练肌肉。在其他人相互比赛的时候，他去绕场跑圈。到上大二时，卡尔就害怕失败，害怕任何体育训练，对在别人面前表演感到恶心。

这种个人经历，包括一系列消极经历，彼此相互强化，最终聚集成为恐惧，并且这种恐惧将延伸到生活的其他方面。

第三，你的恐惧可能是害怕恐惧的产物。"我们没有什么可害怕的，除了害怕本身"，这不只是一个修辞手法。如果你害怕恐慌，也就是说害怕本身，那么它是一个非常真实的恐惧。你的恐惧可能和任何事相联系，因为你认为当某些刺激下压力超过一定阈值时，你将感到恐惧。通过预见恐惧，升高了你的压力水平，对恐惧的恐惧形成了一个恶性循环。你为了避免很多害怕的情形，使自己的生活变得非常有限。你害怕去市区、害怕与某些人交谈、害怕有工作、害怕旅行、害怕养育子女。没有什么能避免你的恐惧，当恐惧扩展到你生活的各个方面时，你的活动将变得非常局限。

第四，你的恐惧可能是由他人传给你的。恐惧的这个起因最容易理解，因为它是由外界力量强加给你的。例如，如果你总是看见父亲对雷电感到恐惧，那么你也可能有同样的反应。这种情况下，你从行为榜样的人那里"获取"了恐惧。

任何与你有密切接触的人，包括朋友、邻居，甚至是陌生人，都可能把恐惧传递给你。如果你看到公寓中的某个人一看见电梯就会恐惧，总是使用楼梯，你自己可能最后也开始害怕电梯了。

第五，你的恐惧可能是过去创伤的结果。过去的痛苦情感经历，能够对以前引起恐惧的相同情形、物体、人或地点产生不合理的恐惧。创伤可以是有意识的或潜意识的，也就是说，你可能注意到恐惧的初始起因。

保罗62岁，是一家电子公司的销售代表。他有幽闭恐惧症，即一种常见的对封闭或狭窄空间的异常恐惧心理。30年来，他一直害怕待在电梯、火车、飞机、轿车里，害怕爬楼梯。除非有其他人在同一个屋子里，否则他不敢洗澡。利用年龄衰退诱导方法，他回忆起在儿童时代，保姆将他一个人关在卧室的壁橱里。在黑暗中，他想象在壁橱里有个恶魔在窃窃私语，计划对他实施恶毒的攻击。长大以后，保罗在处于限制的空间里总会感到恐惧。

安是一个39岁的图画解说员，害怕与男人相处。哪怕是仅仅设想做出一个对男人的承诺，也会让她感到焦虑。为了避免可能需要承诺的积极关系（或者至少提供追求某种快乐的机会），安选择了一个满口脏话的男人。如果正好遇到一个细心体贴的男人，她将认为他的感情不值得信赖，害怕他将离开她，终止他们之间的关系。

在返童记忆诱导中，安压抑了33年的记忆被唤醒。在她4岁到6岁间，她父亲打她，折磨她。安的母亲很早就离开——她已经在很多方面受到了伤害。安对那样的一段关系已经形成了扭曲的看法，因为她认为只有全力取悦父亲，才能赢得他的满意，使他停止对自己的折磨。长大以后，安对那些与父亲有些相似的男人以同样的态度对待。在催眠治疗过程中，通过再现过去的事情以及切断它们之间的联系，安的情况得到了改善。

消除你的恐惧

无论是哪种类型的恐惧，都需要通过几个主要的步骤来消除。

第一，你需要确定导致恐惧的特定事件并切断它与恐惧情感的联系。被称作为返童记忆的方法，并不是所有人都适用的。在这里只是作为一个可选方法。

如果你决定继续这个技术，在你寻找恐惧的原因时，一定记住没有必要去强迫一个回忆，或者是集中在一个特定的年龄。使用返童记忆诱导时，事件会自动凸现出来，就能识别出初始的起因。诱导暗示："让你的思想及时漂到过去。看见你自己在第一次感受到恐惧的年龄。问你自己，'这是我第一次感到恐惧吗？'如果不是，继续回忆，直到你找到正确的事件。把这件事件呈现在你面前的屏幕上，想象你通过一绳索与这个场景连接。好，现在切断绳索。"

值得注意的是，在应用这项技术时，你需要向后追溯，在整个过程中需要不断停下来问自己，你正在回忆的经历是否就是导致你恐惧的真正原因。

约翰的"蜘蛛人"案例就是返童记忆诱导起作用的一个非常好的例子。约翰是一个36岁的成功商人，已婚并且有两个孩子。他生活的大部分时间里都承受着对蜘蛛的恐惧所带来的痛苦。当生活中有压力时，这种恐惧发展成为一种恐慌。他每天晚上都做蜘蛛攻击他的噩梦。他处于一个持续的焦虑状态，害怕在他还没有察觉时蜘蛛就爬到他身上。这种恐惧病已经严重影响到了他的正常生活，他决定采用催眠治疗。

约翰认为他的这种恐惧来源于儿童时代，那时候一家邻居用塑料的蜘蛛来吓小孩子。当他处于催眠状态时，约翰一直焦急地想知道导致创伤的确切原因。在最初的几个部分，他采用的是放松诱导法。随着约翰的压力在放松过程中减少，他的噩梦也减少了。在随后的几次治疗中，采用了返童记忆诱导方

法，约翰回忆了他的整个儿童时代。

约翰的第一个与蜘蛛相关的回忆是邻居拿着塑料的假蜘蛛在草地上追逐小孩。这个时候，治疗师在保持约翰恍惚状态的情况下问了他一个问题："这是你第一次感觉你害怕蜘蛛吗？"约翰回答说："不是。"

约翰继续回忆更早的事情，每个让他害怕的回忆。在一个回忆中，约翰下楼到了他家的地下室。他发现了一个旧箱子，在箱子里面有他父亲参军时的随身用品，包括奖章、旧制服以及一顶帽子。在他找这些东西的时候，一只蜘蛛从制服里跳出来，爬上他的手。治疗师又一次问了同样的问题："这是你第一次被蜘蛛吓着吗？"约翰再一次回答"不是"。回忆继续，直到约翰回忆起最早的事情。当他5岁时，他在一个废弃的地方玩耍，当他爬过碎石，一只大黑手，手指像大蜘蛛的腿，从废墟中伸出来，抓住他的腿。约翰奋力往外爬，终于挣脱了。因为怕不准他再去那里玩，因此，他没有告诉父母这件事。约翰成功把这件创伤置于意识之外。

一旦约翰知道了是什么原因引起他的恐惧，下一步就是让他旧的情感从记忆中释放出去。为此，他想象在电影屏幕上看见了这事情，他被一根绳索连接到屏幕，然后他切断了连接的绳索。

第二，像没有受到威胁的经历一样面对恐惧。想象你与你的恐惧面对面，你很舒适。你微笑着，因为你的恐惧丧失了它的力量和意义，你不再需要它，不再想拥有它。

第三，提高你的自信。信心总是与没有经历不正常的恐惧相伴而行。可以作这样的诱导暗示："你很自信，你能面对任何事，你充满内在力量，每当你感觉焦虑时所需要做的是感觉体内有巨大的力量。"

第四，根据特定的恐惧，利用积极的催眠后暗示重新编制潜意识。当然，你所使用的暗示想象要根据你的恐惧本身。你特定的催眠后暗示将描述导致恐惧的情形，但是，这个情形的每一部分都是令人愉快的，你对它的反应也是积极的。

进攻计划

因为恐惧症可发展为对世上任何想象的情形、任何人、地点或事情有反应，因此，不可能提出一个通用的、适用于所有恐惧症的诱导方法。所以，用于治疗你特定恐惧症的主要诱导应由4个或者5个成分组成。如果你的恐惧症的原因已经明确，那么主要诱导有4个部分组成。如果恐惧症是源于过去被压抑的创伤，那么主要诱导将包括5个部分。

对组成部分进行录音时，应连在一起形成一个整体。第1项是为了放松。第2项帮助你找到隐藏在潜意识里的恐惧起因。第3项帮助你正面面对你的恐惧，并以积极的方式去面对，得到力量超过它。第4项详细叙述你所存在的问题，重新编制你的潜意识，使你的行为有一个永久性的变化。第5项以放松和愉悦的状态把你带出诱导过程。

使用返童记忆诱导和面对诱导

恐惧可能有一个很深的情感起因，治疗它可能导致新的情感问题。为此，心理学家的指导将非常有益，他将帮助你选择合适的治疗方案。

如果你决定从你的潜意识里查明创伤或第一次引起恐慌的原因，你需要首先问你的潜意识是否允许你去查找恐惧症的原因以及这是否对你有利。如果是，那么诱导就可以进行，否则，你就需要重新考虑你行动的过程。

为了与你的潜意识交流，你需要用到"意想手指信号"。首先通过放松诱导使你自己舒适放松。当你完全放松以后，将你的注意力集中到你的手指。重复念"是……是……是"，一遍又一遍地重复，直到你注意到哪一个手指是你的"是"手指。继续想"是"，直到你感觉你10个手指中的一个手指有抽动或者扭曲——是你的"是"手指。现在，重复"不是"，一遍又一遍地重复，同时注意你的另外哪个手指有任何感觉、扭曲或者运动，那么这个手指是你的"不是"手指。

此时，你可以问你的潜意识是否允许寻找有关你恐惧症的信息了。问你的潜意识回归到过去找到恐惧症的起源是否对你有益。如果你感觉到你的"是"手指有任何的运动或感觉，那么你可以继续，让你的思维回到你第一次感觉恐惧的那个时间。如果你的潜意识给你一个"不是"的信号，那么就不要理会恐惧症的缘由，只能用其他方法处理恐惧症。

1.返童记忆诱导

让你的思想漂移到过去，当你开始轻松地漂移，轻易地回到过去时，你看见自己变得越来越年轻，知道自己是安全的。你被自己的积极能量保护着，你像一个观众一样注视自己过去的经历。你可以在一个安全距离从远处去注视过去的经历，只要记住你是在控制之下的，你就可以从远处注视你过去的恐惧。你或许看见它们逼近你，或者你自己根本没有看见它，但如果你选择停止这部分，你只需要从一数到十，就恢复到完全意识状态。如果你准备好要继续，就让你的思想漂移到过去，回想你的害怕、你的恐惧。此时此地你是安全的，把自己当成一个侦探，你充满好奇，急切想知道你恐惧的原因，想调查所有的线索。及时回去，回到你第一次经历恐惧的时候，从远处观察，你可以想象自己是站在一个安全的距离以内，在屏幕上看见这些情节，你感觉很好，你开始理解为什么感到害怕，谜底一点一点地被解开。当你看到你害怕的第一个场景时，问你的手指："这是我第一次感到害怕吗？"如果手指说"不是"，继续往前回顾，看见你变得越来越年轻，直到再次看见自己经历恐惧的场景，你再次在远处从屏幕上看见你的恐惧经历。你是安全的，你仅仅是作为一个观众在看你的过去。你对每个回忆都有了更深刻的理解。再一次，问你的手指："这是我第一次感觉到害怕吗？"如果答案是"不"，再继续回顾，直到回顾到引起你恐惧症的事件。

当你回顾到感觉可能是引起你恐惧症的情节时，问你的潜意识："这是我第一次感觉到害怕吗？"如果手指说是，从远处看屏幕上的这个事件。当你开始感觉更舒适，并知道过去对你的现在没有影响时，观察事件，开始理解为什么你会变得恐惧。当你了解过去时，让屏幕离你更近一点，在一个舒适的距离处，现在开始释放开与过去相联结的情感纽带、释放恐惧、释放愤怒、释放疼痛。当你释放连接过去的情感纽带时，让屏幕越来越近，记忆将失去对你的控制。当你准备好时，你可以想象一个绳索连接着你和屏幕，一个绳索连接着你和过去，现在想象你正剪断这个绳索，剪断连接屏幕的绳索，把你从过去释放出来。屏幕逐渐消退，屏幕变得黯淡并消失。随着屏幕的消失，你感觉到创伤正在愈合，你正从过去的恐惧和经历中愈合。

现在，你的身体、你的精神、你的心、你的整个自我都从过去的恐惧中解脱出来。你完全自由了，你不再需要你的恐惧，你的恐惧已经消失、消失了。你的恐惧已经丧失了它的力量，如气球被放了气一样，现在你完全、彻底自由了，感觉好像肩上的重担减轻了，感觉舒适，完全自由。你过去的恐惧已消失，消失了，完全自由了，现在你已完全自由了，完全自由了，你将继续感受这种自由。

2.面对诱导

想象你与恐惧面对面。将你的恐惧放在某种看得见的物体上。现在看着它，你就会发现它是如何的脆弱，它是非常脆弱的，非常脆弱。你比它强壮多了，更加强壮。事实上，它害怕你，因为你比它更强壮、更强壮。你很舒适，十分舒适并且强壮。你微笑着，因为恐惧已经失去了它的力量、它的意义，你不再需要它，你不再想要它，你不想要它。想象生活里没有它，你生活得很快乐，你很自信，非常自信，因为你可以面对任何事情，你知道你充满巨大的内在力量。当你感到焦虑的时候，你所需要做的只是深呼吸，放松，感觉体内巨大的力量在波动。你微笑，压力开始缓解，你有能力，充满自信，所有一切均在你的控制之下。

治疗特殊的恐惧

1.对人群的恐惧

目标：培养一种健康的意识，解除对人群的焦虑，认为他人是没有威胁的。

想象你所在的人群是安全的。你可以轻松地融入当中，你享受人群的快乐，你知道你在任何时候都可以让自己从人群中脱离出来。在与其他人密切接触的时候，你感到自由，舒适。

2.对动物的恐惧

目标：将特定动物看作是没有危险的，欣赏它的出现以及它的价值。

想象你正接近一只动物，你看着它的眼睛，感到非常平静和放松。你赞美动物的外表，它身体的结构，运动的方式，发出的声音。你伸出手抚摸它，它非常平静。这个动物似乎喜欢你的存在，你伸出手抚摸它，它很平静，非常平静。

3.对异性的恐惧

目标：建立自尊心，培养自身安全感，把与异性的相互交流看成一种积极的经历。

想象另一个人具有你所期望的伴侣所应具备的全部积极特征，你和这个人有相似的兴趣和愿望，彼此能产生共鸣。你们俩能够交流感情和愿望。你们俩都能交流得很好，你对你亲密的人是坦率的，你现在已准备好拥有一段恋爱关系。你拒绝所有有害的，或者是消极的感情，因为从现在起你只对积极的感情敞开。

4.对黑暗的恐惧

目标：消除对未知的，或神秘黑暗的焦虑，把黑暗理解成是舒适和必要的。

你周围的黑暗的地方与白天是一样的，只是这些地方被放在了阴影里，休息一会。黑暗就像一块舒适的毯子，覆盖着一切，帮助我们放松，它是充满光线的白天的一种舒适的改变。我们需要黑暗是因为它帮助我们休息和睡觉。

5.对封闭空间的恐惧

目标：将一个恐惧经历与过去的一个积极经历联系起来，灌输控制和有力量的感觉。

你待在车里，感受平静、放松，喜欢你所处的位置，你希望旅行。你在一个小房间里，感觉有力量，与过去在你喜欢的某地时有相同的感觉。

6.对开放空间的恐惧

目标：将一个恐惧经历与过去的一个积极经历联系起来，培养对开放空间的喜爱。

你在一个公园里，感觉很放松，你站在开放的空间里，享受阳光、清新的空气以及你周围的空间。你感觉到与你在你喜欢的某地时一样平静。到开放的空间感觉真好，你可以散步、慢跑，或者是坐在那里享受周围环境的宁静。你很放松，感觉一切都在控制之下，独自享受。

7.对水的恐惧

目标：将一个恐惧经历与过去的一个积极经历联系起来，灌输控制和有力量的感觉，培养一种喜欢在水里的感觉。

想象你自己进入湖水里，你微笑着，充满自信，你在那里很享受。只要你喜欢你就可以到水里去，并且你随时可以选择出来。在水里你感觉平静、安全、自信、强壮。水令人放松。

8.对失禁的恐惧

目标：灌输控制身体过程的自信。

想象你的肠变得越来越强壮，你正控制你体内的所有器官。它们在你的允许下，只能在你的允许下才能发挥功能。你很好，身体完全在你的控制之下。

9.对独处的恐惧

目标：提高自信，将独处变得具有吸引力，自己会感觉更愉快和安全。

你是一个能干的人，能有效处理任何情况。你喜欢独处，因为你能做任何你乐意做的事。你能做任何你最想做的事。安静与孤独是平静的、宁静的、缓和的，你感觉自己很放松、强壮和快乐。在这个安静的地方，独自一人，你可以想想你的计划、你的梦想以及成就。你可以做任何你想做的事，你十分平静。

10.对接触的恐惧

目标：减轻对亲密交往的焦虑，试着去接受关爱和适当的身体接触。

你是一个热心的、受人喜欢的人，在与其他人相处时感觉舒适，喜欢参与各类活动，喜欢被亲密朋友拥抱。你喜欢拥抱你关心的人，同时也喜欢别人拥抱你和触摸你。在你被触摸时，你感觉到你与你的朋友、你所爱的人之间的亲密关系。

11.对心脏病的恐惧

目标：促进身体健康的感觉，鼓励适度劳作，感觉心脏是健康的、正常的。

你感觉整个身体很强壮、充满了力量。你感觉自己充满了耐力和力气。你喜欢每天锻炼身体，如散步、爬楼梯。现在你能够很轻松地走很远，因为你拥有一个强壮、健康的身体。你的心脏很强壮可靠，心脏的跳动如时钟的嘀嗒声一样规则。你能长期过健康的生活，喜欢很多身体的活动，你喜欢任何你所选择的活动。

12.害怕被毒害

目标：将吃看作是一种积极的行为，食物是安全的、令人满意的、美味和有营养的。提高出去吃饭的乐趣。

你进入一家饭店，喜欢它的风格，厨房发出的香味非常诱人，让你感觉饥饿。你坐在漂亮的桌子前，能眺望到花园。你看着菜单，每个菜听起来都是可口的。你点了菜，当菜上来之后，你的食物都是健康的、诱人的、开胃的。你享受着可口的食物，慢慢地品尝，回味诱人的香味。

13.对害怕的恐惧

目标：灌输健康的感觉，制定出用于威胁条件下的应急措施，提高对异常恐惧和弱点的免疫力。

想象所有的情况，所有的日常行为都在你的控制之下。如果你曾感觉失去了对自己行为的控制，你也有办法重新得到控制。你停下来，深呼吸，放松，感觉到你的周围有所防护，有了防护，你不再受恐惧的威胁。任何恐惧都不能穿过防护，你的恐惧一到达防护就被融化掉了。

期望和加强什么

开始几周你可以每天诱导一次，然后，在你的恐惧逐渐消退的时候，降低诱导的频率。你可能用一或两个疗程就消除了恐惧，并且以后再没有感觉到恐惧。相反，如果没有发生立刻的改变，你可能需要诱导几个月。

在你的恐惧消失之后，应周期性地检查你的记忆，避免任何恐惧症的复发，或者是新的恐惧症的出现。经常定期做自我检查，看是否处于压力之下。如果处于压力下，要采取适当的措施。改变你的行为，给自己某种奖励、放松，进行短期休息甚至放个长假。

特别注意事项

在治疗恐惧症的时候，要注意你生活的其他方面。考虑你吃的食物，很多食物会引起情绪波动、压抑、妄想、愤怒或恐惧。含糖量高的食物和含有某些色素的食物容易引起古怪的行为。激素紊乱可以导致恐惧反应。有时候，恐惧症可能隐藏了起来，这时需要深层次的、全面的心理治疗。进行全面的健康检查，将催眠治疗作为独立方法或其他精神和情感治疗的辅助手段进行使用。

如果你在治疗他人，面对一个积极的、舒适的潜意识情形可能是有益的。不要取笑、打击或怀疑恐惧的特定刺激因素，羞辱、嘲笑或幽默都会抑制甚至终止进展。

不再害羞

在生活中，感到害羞的人即使不占绝大多数，数量也绝对众多。比如遇到我们爱慕已久或一见倾心的人，抑或被要求在一群陌生人面前讲话。大多数情况下，我们会迅速渡过难关然后忘得一干二净，这种害羞不会妨碍我们的生活。

但深度害羞会让一些人苦恼不堪。他们一想到在聚会上与陌生人讲话，在课堂上被提问，在人群里走过，或者给邮递员开门便会紧张不安。他们甚至无法忍受在餐馆等公共场所吃东西。他们脸红、手心出汗、感到恐慌。这往往是别人看不到的，他们会尽全力在朋友或家人面前加以掩饰。这种极其有害的害羞正如恐惧症，能够毁掉患者的一生。

催眠可以给饱受这一病症折磨的人带来巨大益处。某种程度上害羞更是一种后天形成的行为，一种在无意识水平起作用的行为。庆幸的是，无意识可以学习或被教以新行为。

催眠师的方法是，让患者想象自己身处某个社交场合，看到自己以一种更加自信的态度思考和行动。而对无意识的心灵暗示则告诉患者，让患者知道自己拥有巨大潜能，自己的观点很重要，自己可以为周围的世界做出贡献。这样患者的自尊心就会逐渐得以提升，并且在他的行为举止中体现出来。同时，患者在克服害羞方面赢得的每一个小成就都会反过来进一步增强他的自信，建立一个良性循环。

减轻压力

想象交响乐团开始失控，一个小提琴手高出其他弦乐部分3个音阶，打击乐手又比出错的小提琴手高出6个音阶，指挥棒的挥舞速度是乐谱频率的两倍……最后，这个不幸的交响乐团在舞台上乱成一团，他们的乐器散落满地，就像散落在战场上的武器一样。

同样，如果一个人总在经历压力，并持续承受紧张，那么他的紧张会越来越严重，并最终导致与压力相关的疾病发生。

当然，某些类型的压力可能对你是有益的，例如一次非常浪漫的相遇或者是对奖励的期望所引起的压力，这样的情况就要求你有所改变。既然你不能改变世界，就要改变对它的反应。

首先，分析让你产生压力反应的大体原因。有成百上千种原因能导致压力——从噪音到怨恨，从疲惫到感情波动。尽管你的压力原因看起来难以琢磨甚至是令人迷惑，但它们多将归于以下主要的几个类别中。

你已经继承了压力倾向。你从你父母那里学会了如何显示感情（或者是如何不显示感情），你通过观察你父母一方或双方，学会了在一些公共场合的一定行为，你看你外祖母做意大利面条，你从她那里也学会了。你学会了特定情况下（至少在你家里），最可能产生的行为模式。

你母亲在招待客人的时

候，总是感觉到压力。你散漫的兄弟在与你保守的父亲谈论政治的时候显示出极度的压力，在父亲与兄弟同在一间屋子的时候，家庭其他成员也同样会感觉到压力。这些都是一些极端的例子，但它们可以说明一个家庭中压力可能出现的方式。

如果你的父亲在开车的时候感觉到了压力，那么你在早年可能形成这样一个意识，开车能引起压力。结果，开车将成为导致你产生压力的一个重要因素。

你的压力是遗传来的。你学会了按你崇拜的或依靠的人那样做事。这就叫作"模式化"，正如恐惧经常"进入家庭"一样，压力反应亦然。

此外，由父母传递给孩子的压力有时因为个人的身体素质差异而被增强。两个孩子在遇到相同刺激（如嘈杂的环境）的时候都可能显示出压力，但是其中一个可能会因为天生的身体素质差异而反应更强烈。

因为恐惧、可怕和"理应如何"而承受压力。注意力集中在生活中的噩梦、灾难或事物最坏的一面上则会导致持续的压力。如果你有过灾难，你就会认定每次都会出现某种疾病或危险。如果你姐姐的丈夫和邻居的丈夫都离开了他们的妻子，与一个年轻的同事结了婚，那么当在你丈夫延长待在办公室的时间时，你就会想象你的丈夫也会那样，只是时间的问题。如果你9月份的销售量下降了，你想象到年终你就会被公司解雇。当你经受任何疼痛或不适，都会被夸大：良性囊肿是一个致命的癌症，消化不良是食物中毒，公司老板给你的一个定期的评估预示着你要失业。

"理应如何"对你的情感几乎是破坏性的。"理应如何"由一些你认为你和其他人必须以此为生的规则构成。问题是你为自己制定了这些规则。然后，你尽量去遵守它们，就像它们是法律一样。当你不能或没有做到时，你感觉自己是一个坏的、讨厌的、低劣的人。你谴责惩罚自己。

下面是几个常见的折磨人的"理应如何"：

我理应是一个完美的爱人、朋友、父亲、教师、学生或配偶；

我不应犯错误；

我应当看起来有吸引力；

我应控制我的情绪，不觉得愤怒、嫉妒或压抑；

我不应当抱怨；

我不应依赖别人，但应当照顾好自己。

你可能还有一些自己所认为的应该添加到这个列表里的理由。不幸的是，你的应当不但妨碍了对自己的准确认识，也影响了别人。你认为你认识的人应当按照你的规则来办事，如果他们没有，则他们是不服从的、不关心的、懒惰、邋遢、缺乏同情和爱。在乎这个看不见的负担列表，生活就是种不必要的消耗。

你经历压力是因为不可逃避的疼痛或不适。不可逃避的疼痛或不适是来自身体上的真正原因，如慢性疼痛。伴随生理感觉的是情感。当你感觉到任何慢性疾患的时候，让你感觉到与世隔绝或孤独，是很正常的。你可能感觉强烈的内疚或愤怒，因为你总是受煎熬的，以至于最后因为这种情形下的无助而让你感觉极度压抑。

你承受压力是因为你压抑和拒绝接受诸如伤害、愤怒或忧愁等重要情感。有些人想完全否认负面情感，认为这些反应是自我破坏的根源。这些人远远不承认他们的真实感觉。他们需要持续的关注、不断地谈话、暴食暴饮，表现出防御行为，把任何事情都变成一个问题。相反，如果认识到了负面情感并接受它，压力的强度和持续时间就会减少一些。

假设一下，与你关系密切的一个人死了，你既悲伤又压抑。但是，你让自己悲伤，然后把生活暂时放在一边，回忆过去，评价未来，辨别你的感情，做这些的时候，其他能量和情感得到休息。即使你没有认识到这一点，你的悲伤已成为了释放压力的一个重要起因，而这种起因可能会成为影响你生活的一个重要因素。

再举一个例子，想象一个丈夫因为他妻子对她职业的投入、对工作相关的计划、程序和细节非常细心而感到愤怒。起初，丈夫只是有一点苦恼，并没有显示出任何失望。然后，他开始感觉她的工作是他的直接竞争对手。最后，他虽然没有公开表现出来不满，但他认为他是第二位的，而她的工作才是第一位的。在家里的时候，他总感觉到压抑。每次通电话都是对他私人生活的外在威胁。他妻子的每次商务会议对她似乎是一个幸福的出行，而他总被排除在外。他没有面对他的婚姻正在发生的事情，与妻子探讨自己的感受，而是让这种伤害聚集、强化，这导致了一个极度压抑的倾向，就像一个正要爆发的火山一样。

你承受压力是因为你受到超出你的生理、心理和情感等能承受的一个特定事件或刺激。想象一个有压力的经历，或者是有压力的刺激因素，作为为你提供的"一个药方"。你把它的期望看作是一种需要，但是你感觉你并没有心理的、情感的或者生理的组分满足这个药方。

可能是你的工作需要才开始治疗，也可能是你的婚姻不正常，更有可能是其他人对你注意力的期望太高。

你产生压力可能有多个原因。当个别分析时，它们都不是很重要的，但是，一旦它们发生了，就显得重要了。你可能坐在车里15分钟都还没有把车启动。正当你不得不打算换一种交通工具的时候，引擎又运转了。当你到达办公室的时候，你发现你的秘书根本没有复印完你要在9点钟汇报的状况表。然后，中午你与一个潜在投资家的约会也被无故取消了，整个下午被几个无关紧要的电话打断了工作，占去了绝大部分时间。回到家，你的孩子说需要开车去篮球场练习（需要走你想避免走的路）。你丈夫的飞机晚了一个多小时，当你们赶到一个饭店吃饭的时候，感觉你们就像一个个时间机器。这样的一天看起来是非常烦人和有不可避免的压力存在的，可以通过催眠治疗改善。你将发现重新编程是如何避免一天中的小烦恼聚集产生的。

你经历压抑是因为你缺乏合理的饮食。有的食物可导致你的情感一会儿高涨，一会儿又落到低谷。糖、咖啡、酒精等是与压力密切相关的。缺乏B族维生素复合物会显著增强易怒性。B族维生素复合物在全谷物、酿酒酵母、肝和豆类中含量很高。如果你处于极度的压力之下，并且你有不好的饮食习惯，或胡乱地平衡饮食，你通常的压力感觉就会被加深。决定哪一个原因首先出现是很难的——营养不全还是压力？因为压力会导致B族维生素复合物耗尽，而B族维生素缺乏又能导致压力。不论是哪一种情况，催眠治疗结合新的饮食计划都能缓解或减少压抑。在满足了你的营养需要之后，压力减轻诱导就能作为一个重要的辅助手段。

如果你是一个女性，你可能经历PMS产生的压力。目前的推测显示，大约33%～50%的美国女性在18到45岁之间时都经历经期前综合征（PMS），PMS的生理的和情感的症状通常在经期之前的7～14天出现。生理症状包括对糖或盐的需求、疲惫、头痛、体重增加、肿胀、胸部变软。情感症状包括焦虑、迷惑、暂时记忆丧失、从乐观到绝望的情绪波动。此时，适当的营养对减缓压力非常有帮助，添加B族维生素复合物能减轻症状。当饮食计划与催眠治疗结合起来使用时，PMS综合征即使不能消除，也会有显著改观。

你的压力评估

为了让催眠治疗对你的减缓压力有效，压力减轻诱导就必须调整为适合你个人的特定需要。这些需要是由个人的压力刺激因素以及伴随的反应决定的。

克里斯，一个35岁的离婚父亲，对他5岁的女儿雅娜有永久抚养权。雅娜的母亲再婚了，居住在国外，不来看她的女儿。克里斯的压力评估可以让你对伴随不同刺激时生理和情感上的反应有个了解。

压力刺激	生理和情感的反应
一、雅娜问为什么她的妈妈不回来	轻度头疼、感觉虚弱、脉搏改变并压抑情感
二、不得不检查不良工作、与雇员讨论不良表现	胸闷、控制不了脸部肌肉，在不得不处理这个问题时，害怕表现出对雇员不良表现的蔑视、反感时不断地吵闹
三、雅娜和她的玩伴在屋子里玩耍	肌肉紧缩，变得安静，感觉被外界力量侵袭，因为心烦而内疚
四、与一个大嗓门的同事乘一辆车，并有一个烦人的司机	红着脸、害怕愤怒表现出来、感觉受伤害、不安、想象着让他下去

克里斯的例子很好地告诉大家压力与压抑是如何联系在一起的。看看刺激一，克里斯想改变与她女儿的话题，因为对话令人太不愉快了。刺激二中，他不能把自己的情感对雇员表现出来，因此他怨恨整个情况。刺激三中，他没有说任何事，因为他感觉内疚。他的理性自我认识到她需要玩。刺激四中，克里斯在整个途中都抑制着自己的愤怒。

克里斯检查了他的负面反应，开发了针对相同压力刺激下的积极反应。下面是克里斯的积极反应：

当雅娜问起关于她母亲的时候，我放松，接受自己的感觉，对雅娜表示爱，与她谈论她的感觉。

当我检查雇员的不良工作时，我将把自己看作是一个指导者，一个有机

会可以帮助其他人把工作干得更
好的人。

在雅娜和她的朋友玩耍时，
我将把他们的噪音看作是健康
的、幸福的释放，不认为这些噪
音对我有害。

我自己开车去上班，完全
改变我的情形，把雅娜送到幼儿
园，并把这作为不与同事一起上
下班的合理理由。

现在你可以密切地、详细地看到是什么样的刺激促成了你的压抑和生
理、情感的反应。在下面空白处简要描述每个刺激及其反应。

现在你开始下一步，写出你对所列的每个刺激的新的反应。记住陈述你
的新的积极反应。例如，让我们假设你的压力刺激是不得不一对一地应付你
公司的主席，你现在的反应是手心出汗、声音发抖、呼吸困难、感觉无能。
下面是这个刺激的一个新的消极反应：

当我要与主席一对一面对的时候，我尽力放松自己，我不能紧张。我不
能让他使我感觉自己无能，因为我能控制我自己。

下面是对同样刺激新的积极反应：

当我要一对一地面对主席时，在进入他办公室之前，我会深呼吸、放
松。我会把自己想象成一个成功的、博学的雇员，我还能作很多贡献，我很放
松，就像我曾经做出贡献时那样。

现在回顾你的压力刺激和反应，用在克里斯例子中的形式，写下新的反
应。也就是说，你的新反应要以同一刺激因素开头："当我的岳母叫吃早饭的
时候，我将……"或者"当我女儿像没听见我说话时，我将……"或者"我在
学习的时候我的同屋放音乐，我将……"

制订你的新计划

根据你要改变的行为，你的总体目标已经很清晰，它们是：

减少或消除你生活中的消极压力；

把新的反应整合到你的生活中；

做一个更平静、更有效、更健康的人。

这些就是你整体的目标。为完成这些目标，你必须重新编制你的潜意识，使你能够对旧刺激有新的反应。你需要：

接受让你感觉焦虑、愤怒的压抑感情。诱导暗示："让你深藏的情感表露出来，看着这些情感，哪些你想保留，哪些你不想保留，立即保留你想要的情感，抛弃其他的。有时候感觉忧愁或压抑是完全正常的，这是一种善待自己的方式。时间会很快抚平那些感觉，让你感到自由。你可以接受或抛弃任何感觉，抛弃任何你经历过的感觉……"

感觉不受外界压力和压抑的影响。诱导暗示："你被一个保护罩保护着，保护罩让你不受压力的干扰，防止你受外界压力的侵袭。压力反弹回去，远离你并消失了。你感觉很好，因为你整天都被保护罩保护着，未受到压力和压抑的干扰。"

把新的反应整合到你的生活中。诱导暗示："你现在对旧的刺激有全新的反应。"诱导过程中，你要插入一个刺激和一个新的反应。

完整诱导

现在，保留你需要的，抛弃其他的。有时感觉忧愁、压抑是完全正常的，这是一种善待自己的方式。压抑是一个治疗过程，所以让你自己忧愁、悲伤，当这些忧伤过去之后，便会释放自己。你在善待自己，时间很快抚平那些感觉，你会感到自由。你不再拥有这些感觉是因为你接受了或者完全抛弃了它们，抛弃了任何你曾经历过的情感。它们属于你，它们的来去由你控制，随你的需要而来去。

现在放松，继续放松，感觉你随你的情感放松了。现在认为你是一

个拥有很多情感的健康完整的人。你被保护罩保护着，不受压力的侵袭。保护罩能保护你不受压力的侵袭。保护你，使你不受外界压力的侵袭。压力反弹回去，远离你并消失了，压力反弹回去消失了。无论压力是从哪里来的，或者是谁给你的压力，都会弹回去消失，弹回去消失。你感觉很好，因为整天都被保护罩保护着，不受压力和压抑的干扰。你感觉很好，度过了一天，你看见压力弹回去消失。外面压力越大，你的内心越平静，你内心感觉越平静。让内心平静下来。你是一个平静的人，你不受压力的侵袭。你以某种方式让自己舒适，你现在对过去的刺激有全新的反应。这个新反应让你感觉强壮、平静和自由。你的日子充满了成就，你因为这些成就而幸福。你自我感觉很好，是因为你有新的反应，并且因此让你的日子更幸福。你平静、强壮、没有压力。

期望和加强什么

每次你成功地重新编写对一个旧刺激的新反应的时候，你可以继续进行编写你列表上的下一个旧刺激的新反应。每个刺激有几种疗程是必要的。除了插入一个新的反应，你的压力减少诱导应保持不变，加强不受压力影响的感觉，确保你是一个更平静的、更健康的人，不害怕经历必要的情感。

在你重新编写了你所有的新反应之后，可以改编压力减轻诱导以满足你的个人需要。你可能需要截取出特别适合你保持压力的一部分，也就是说，一种小诱导作为在你特定的努力时的强化。

一般来讲，无论何时你发现压力又重新形成，你都应该使用完整的压力减轻诱导。如果你发现过去的生活方式又悄悄地回到你的生活中来了，那么恢复诱导，直到你不再需要它。

笑声治疗

在极度压抑的场所——医院、战场——自发的幽默是一种人在无法忍受的情况下处理压抑、损失和焦虑的一种方式。虽然这种幽默是残酷的，但它发挥着作用。它满足精神和情感的立即需要，此外，它对身体也是有益的。它放松面部肌肉和肺、释放激素，促进幸福的感觉。

在老兵医院的催眠治疗中，病人们正在接受治疗，为再次回到集体做准备。压力减少和放松诱导使老兵的行为产生一个稳定的缓慢的改变。当把笑声治疗增加到压力减轻诱导中时，产生了一个强的、积极的行为变化。

催眠治疗师首先让小组成员回想一个有趣的情形，一个笑话或者喜剧电影。在诱导过程中，一些病人开始大声笑，笑声迅速变得有感染力，小组成员全都笑起来了。所有的病人都被激活了，微笑了。甚至那些过去曾极度压抑的病人也都笑起来了。最重要的是这种暂时的提高导致了加速复原，使大多数病人产生了永久的积极改变。

把幽默整合到你的诱导中，你可以使用过去发生的有趣的事、想象的幽默情形、笑话、喜剧演员的录音——任何你认为有趣的事都可以。你可以以类似于下面的暗示开始你的笑声治疗：

回想一个有趣的事情、一个喜剧电影、听过的笑话。想一想，让自己笑起来，感觉你的嘴角张开，让自己笑，感觉笑从你的喉咙出来，滚成一个热情的笑。感觉它在你的体内震动。当你笑完以后，感觉一种释放和幸福的感觉，让这种感觉伴随你一整天。

除了在压力减轻诱导中采用笑声治疗之外，你可以在你感觉需要缓解的任何时候做一个小诱导，否则你的一天将变得紧张。

病例分析

艾德丽安是一个55岁的校长，正处于要离婚的状态，同时她要照顾易怒并且经常完全不可理喻的年迈父亲。他们俩住在艾德丽安的房子里，她不得不雇了一个陪伴，白天与她父亲待在一起。当她回到家的时候，她经常已经历了一整天的要求、做决定、解决问题。她的公关技能从她早上7：45到办公室一直到下午5：00甚至更晚都在使用。当她回到家，她父亲的要求又开始了：他们晚餐要吃些什么，让她从清洁器中收起来的家常裤在哪里，等等。当艾德丽安一周出去一两次的时候，把她年迈的父亲一个人留在家里总让她感觉很内疚。

艾德丽安的生活充满了工作的要求、压力和内疚。结果，她的血压高了，总是不开心。她用催眠治疗进行缓解。她每周一个疗程，持续了4个月。在压力减轻诱导中，她被重新编程，想象她被包围在装甲里面，压力不能穿透。她也学会了想象导致巨大压力产生的非理性情形转化为喜剧的一面。

在4个月的治疗结束的时候，她非常开心、和蔼可亲，她把自己看成是一个恢复力量的人，而不是一个受害者。

克服焦虑和害怕

温暖的春天，你走在宽阔的、绿树成荫的街道上，去参加你最好的朋友组织的庆祝晚会。这时云朵遮住了太阳，空气有点凉。突然一阵风吹过树枝，一下子天空变得又黑又冷。你在往前走时注意到身后的脚步声。莫名地，你觉得这个脚步有意和你的脚步保持一致。尽管在同样的春天，同样友好的社区，一个念头闪过："我可能要被抢劫了。"脚步声越来越近，你的心怦怦地跳，你的脸变红。你突然觉得目眩，似乎要倒了。这时你决定再也不能忍受害怕，脚步声消失在人行道上了。你环顾四周，发现邮车停在马路转弯处。

和普遍看法不同的是，焦虑并不直接产生于危险或痛苦的情景里，实际上焦虑来自于你的思想。在具体情况下，是潜在危险的想法，而不是实际存在的危险，导致了焦虑的症状。

焦虑ABC

上述描述的过程叫作焦虑ABC模式——情景A产生思想B，思想B又产生焦虑C。焦虑的感觉本身进一步成了惧怕的催化剂。你对自己做出的第二次判断，如"我感到害怕，这真危险"。新的害怕想法让你焦虑，你更加焦虑时就对危险更加想入非非。

在无法避免的情境之下，情感就很难不变得更加强烈。例如，你不能离开晚会；你害怕老板发怒，但你却不能回家；你感到身体中有不同寻常的疼痛或感觉……在这些情况下你觉得尽管你没有被控制，仍有另外的危险存在：情景让你惧怕。

只要你对困难情况的想法是真实和准确的，你的焦虑就有办法对付。但是如果你过高地估计危险，不断地预测灾难，你的焦虑感也会大幅度增强。如果在繁华的闹市街道上你站在警察身旁，你告诉自己"我会遭遇到袭击"，在几乎没有危险的情况下你仍感觉到危险，这就是不现实的想法。

害怕机制

害怕在不断加剧时有4个显著阶段。

第一，不现实的自我表现判断让自己一直处于戒备状态。你在斗争或者逃跑中的身体紧张状态：你的心跳更快，你感觉呼吸急促，你的胃感到慌乱，等等。这种慢性反应会让你意识到危险的潜在性。这意味着你处于千钧一发的紧张状态。临近的排演或小冲突都能让你处于害怕之中。

第二，你开始对害怕本身感到害怕。你的身体越来越敏感，你开始预料到害怕的袭击。你不惜一切地尽量避免。现在你有了新的害怕。你不仅害怕暴力或老板的批评，你也惧怕害怕在你的体内产生的反应。

第三，当你对害怕的惧怕感越来越强烈时你拒绝接受自己的感觉。你厌恶体验害怕的反应：心跳加速、目眩、呼吸急促、双腿颤抖、喉咙哽咽、忽热忽冷和大脑的混乱。你拒绝并与身体中不同寻常的反应斗争。你对即将到来的害怕症状格外警觉。

第四，你逃避产生焦虑的任何情景，任何人或事。开始是在空荡的街上感到紧张，后来避免独自去任何地方；开始是和老板谈话感到焦虑，后来避免了所有的工作；开始是在晚会上感到害羞难堪，后来避免任何社会交往。

幸运的是有办法处理焦虑和害怕的噩梦。催眠法能帮助你放松接受害怕时的戒备状态，用新的反应代替不理性的想法，消除焦虑的感觉。

害怕的主要原因

在遭受害怕的袭击时，你体验的任何症状都是身体的斗争或者逃跑反应中自然而又无害的一部分。当你觉察自己处于危险之中时，你的肾上腺释放荷尔蒙，身体出现恐慌症状。荷尔蒙在体内不到3分钟就产生代谢变化，但它的效果很快就消失了。因此，如果你能停止灾难性预测，你就能在3分钟内结束恐慌反应。这意味着你的焦虑感不会超过3分钟。停止反复的灾难性想法，关键的一步是与自己的灾难性预测做斗争。

探讨害怕

在准备自我催眠法时，你必须首先知道自己害怕时的反应是如何产生的，并花几分钟假设自己处在令人害怕的情形里。

是哪种情形呢？社交场合中，开车时周围有某种动物或物体，在工作场所，电梯里还是飞机上？现在让自己感觉现实中的正常焦虑感。

尽管这种人为的焦虑与自然的害怕有所不同，但仍会产生一些身体症状：心跳得更快、目眩、呼吸短促、腿乏力、比正常更热或更冷、摇摆或颤抖、胃里感觉慌乱、很难集中精神，清楚地思考……这是焦虑和害怕最常见的身体反应。除了自己独有的，你可能有其中一些或全部。

再一次想象自己处在同样令人害怕的情况下。这一次集中精神，努力注意你是怎样告诉自己害怕时的情况和症状的。

你是否发现自己对情况做了灾难性的预测？你是否做了最坏的打算？你是否认为自己会有心脏病或眩晕，或者你可能失控倒地、呕吐或尖叫？这些都是许多人在遭到害怕袭击时告诉自己的事情——不理性和不准确的预测会令害怕延长和更强烈。

制订计划

为了改变你的身体对可能令人害怕的情况的反应方式，你必须用解释你反应本质的真实话语代替灾难性的想法：你的身体感觉不会伤害你，它们很快会消失。重复解决每种症状的暗示语，你能够意识到自己的反应，恢复良好的感觉。

减慢心跳。在斗争或逃跑反应中，你的脉搏跳到每分钟120～130次。根据克莱尔医生的著名的焦虑控制权威报告，正常人的心跳能数星期保持这个频率而没有危险。如果你担心你的心脏，就去做医疗检查。知道你的心脏正常后你就开始解决令你产生灾难性想法的这个问题。当你感觉到自己心跳加速时，告诉自己："我的心跳得这样快，但这样子几个星期也没事。"

感到平衡。眩晕的感觉是过度紧张所致，当你放慢呼吸时眩晕就会消失。有时你脖子或下巴的紧张会影响你的听力，引起眩晕，你放松时眩晕也会消失。放松时即使感到害怕也不会晕倒。当你觉得眩晕时，提醒自己："我放松，放慢呼吸就会好。"

深呼吸。横隔膜太紧，呼吸就变得短促。你感到害怕时的呼吸短促会让你把短而急促的呼吸延伸到肺上部。解决方法是集中精神深呼吸一口气，然后有意识地做深而慢的呼吸。记住暗示的话是，"呼出废气，深呼吸，呼出废气，深呼吸……"慢节奏重复。

腿部有力。在害怕时你的腿部乏力。你甚至可能害怕你会跌到。这种反应是大腿肌肉中静脉血往上涌所致。斗争或逃跑反应中血也会处于准备逃跑状态。你感觉到的虚弱是假象，因为实际上是血让你的腿处于准备逃跑状态。静止状态下血聚集在腿部，它就会产生沉重和微弱的主观反应。这种情况下，告诉自己："我的腿准备开始跑，它们比平时更强壮。"

随意吞咽。焦虑时喉部过度紧张，你感到不能吞下任何东西。实际上如果你去尝试，是能够的，只要你放松反应就会消失。如要加快速度，尽量张开嘴，假装打哈欠，告诉自己，"打个哈欠，喉咙的紧张感就没有了"。

感到热或冷，都很好，冷或热都是因为血管收缩，血压升高，交感神经和副交感神经系统的变化引起的。这些变化是斗争或逃跑的自然反应，当你平静下来，停止灾难性预测时，这些反应都会消失。当你感到热或冷时，告诉自己，"几分钟后就好了"。

思维混乱，模糊，无法思考都是因为你的肌肉中多氧和血过度集中导致的。这是身体在斗争或逃跑时的自然准备。这些感觉都可以通过闭上嘴巴做深而慢的呼吸来消除。告诉自己："我能够做深而慢的呼吸，能够清晰地思维。"

重复你的暗示语，提醒自己反应是无害的、自然的。你可以运用这里建议的自我陈述语或者你自己的话。例如，这里有一个完整的自我暗示语："我的心跳通过医疗检查是正常的，即使几个星期我的心跳有这么快也平安无事。我能够处理，因为几分钟后就好了。"写上你的每一个反应，解释为什么它没有危害，你又怎样处理。

总体意念法

意念法包括对你的一系列建议：

当你感到害怕时放松；

停止产生害怕的想法；

用积极的暗示语取代灾难性想法；

允许自己感到和接受伴随害怕的所有身体反应。

1.放松

意念法用两种方法来放松身体。第1种是深呼吸。闭上嘴，做一个长而慢的呼吸。屏气一会儿，然后缓慢而顺畅地呼吸，尽可能地呼出体内的气体。暂停一会儿，把注意力放在暂停上，然后又吸气。目标是缓慢、深而完整的呼吸。深呼吸会阻止你呼吸加快。

放松的第2种方法是扫视体内的任何一处紧张感。你的脖子和肩最有可能紧张。如果发现肌肉紧张，就放松。如果你无法放松，就使肌肉尽可能地紧张。如果你能增加肌肉的紧张感，你也就能减轻肌肉的紧张感。你在紧张和放松你的肌肉三或四次后，你的紧张感会明显的减轻。

2.停止想法

意念法告诉你用停止想法的技巧来控制灾难性想法。当你开始想你要晕倒或你有心脏病时，你在心里大叫一声"停住"。这个没有喊出来的声音会让灾难性的想法停止1秒钟。然后你迅速地用暗示语取代想法，如"不可能晕倒，眩晕3分钟后就会好"或者"我的心脏很好，数星期来这样跳动都非常正常，而且它在3分钟后就会慢下来"。

3.暗示语

意念法将加强你写作和运用积极现实的自我暗示语的能力。这是你对害怕的新反应。为了有大量的暗示语，开始记下自己典型的因害怕而产生的想法，以及在充满压力的困境下的想法。

你可能想用日记记下自己在压力下的想法。无论你什么时候感到焦虑，都记下你的心理活动。对每一个因害怕产生的不理性想法，都写下简短的对策。例如，对不理性的预测"飞机会坠落"。可以写下："事情会有利于我。飞机几乎从不坠落。坐飞机比开车安全多了。"对事情做现实的评价是处理灾难性预测的最好方法。

创作暗示语的另一个好办法是对害怕的结果做准确评价。如果你晕倒了会怎么样？如果你的老板真的批评你会怎么样？如果电梯真的被卡住1小时会怎么样？如果你的恋人拒绝了你的求爱会怎么样？清楚地写下可能发生的结果，你往往发现真的结果并没有你害怕的那样糟糕。

把最好的一两个暗示语插入到意念法中使用的简短话语中。当你坚持使用意念法后，你可能发现你要改变你的暗示语。

4.接受你的感觉

意念法结束时会有两条强有力的建议，接受你的感觉和结束逃避。接受你身体所有感觉的关键之处是知道它们是暂时的，它们会结束。抗拒并与你的焦虑或害怕症状抗争，你的焦虑感只会更强烈。当你接受你的感觉后，无论是多么痛苦，它们都会结束得更快，很快你便不再有斗争或逃跑的不适。

结束逃避的建议告诉你不再逃避产生焦虑的情景、人或事。既然你能接受、处理和控制你害怕的感觉，你就能到你想去的地方，做你想做的事情。

使用整体意念法

让自己往下沉……越来越下。往下沉，睡着，睡着往下沉，向下，向下，完全放松。往下沉，越来越下。你感到安全和放松。你现在意识到焦虑是你身体的自然反应。它们是自然的，无伤害的。它们不重要，它们不重要。你不再对焦虑反应感到害怕。你不再害怕焦虑。它们是你身体斗争或逃跑的自然反应。你接受了无伤害的焦虑反应。你提醒自己你的身体很健康。你立即提醒自己你的反应意味着什么，为什么说你的身体健康。不管你的反应如何，你知道它们都是不重要的，而且你的身体健康。你的反应是自然的，你不再对焦虑的反应感到害怕。你越来越坚强，自信，有把握。你控制了你的害怕和焦虑。

无论什么时候感到害怕你都可以放松你的身体，你做深呼吸，深深地。空气将进入你的胃……直到进入你的腹部。深吸一口气到腹部……然后顺其自然，呼出原来的气体。你能够用缓慢而深的呼吸来调节……深吸一口气到腹部，慢慢地顺其自然。无论什么时候感到焦虑你都能做慢而深的呼吸。又做一次深呼吸，提醒自己能够调节呼吸……无论什么时候感到焦虑，做慢而深的呼吸都能放松你的全身。你焦虑时检查你身体的紧张处。你检查你的肩和脖子，让你的肩下垂放松。你检查你的下巴，让你的下巴放松，放松。你检查你的前额，让它平滑和放松。你检查你的胃，做深呼吸放松，每一次呼吸都越来越放松你的胃。

当你焦虑时检查并放松身体的任何紧张处。你知道由你自己掌握。你有办法并懂得让焦虑和害怕消失。

现在你知道事实是你只要停止焦虑感，害怕就会很快消失。在你头脑里消除焦虑的想法3分钟内就会消失。你能等待它结束。快，很快，它就会结束。当你焦虑和害怕时你能停止焦虑的念头，停止危险的念头。你在心里对焦虑的念头大叫一声"停止"，你知道你的害怕会在3分钟内消失。你在心里大叫一声"停止"来平和焦虑的念头。害怕很快过去了，它结束了。当你停止焦虑的念头时害怕过去了，结束了。你等待它结束，很快害怕便结束了。在你的掌握之中，你有能力释放所有焦虑和害怕的念头。

把你的焦虑想象成悬挂在博物馆的画，也许是一幅关于战争的画。想象着博物馆的墙上的画。你走过那幅画，你漂浮着经过那幅画，你即将走过那幅画时……现在它从眼前消失了。你的焦虑就像那幅画一样消失在眼前，消失在眼前。你现在知道接受身体的任何感觉。你能接受任何感觉，因为你飘过了，飘过了，直到它消失在眼前。你接受并让你的感觉逝去。

现在你对原来的焦虑想法有了新的反应。你不再用灾难临头的感觉吓自己。你让原来的害怕，原来的焦虑随风而去，让原来的害怕随风而去。现在你提醒自己对原来的焦虑想法的新反应。无论你什么时候意识到原来的焦虑想法，你都知道现在有办法不再想。这些想法在远去，远去，远去。它们远去时就像远处的灯越来越暗一样。你对原来的焦虑想法有了新的反应。

现在你知道你能接受身体的任何感觉，你能接受任何情感。你接受而不是逃避你的感觉和情感。你飘过焦虑和害怕，你知道这是短暂的，一会儿你就会感觉更好。你飘过而没有抗争。你现在知道你的感觉是暂时的，转瞬即逝……它们在远去，远去，很快就会消失。你的感觉，无论是多么不舒适，都会远去。它们会消逝。你的焦虑或害怕很快会消逝。你接受并飘过你的感觉。

你变得越来越坚强，越来越自信。因为你接受并让你的感觉远去。你拥抱你的感觉，痛苦的和快乐的，因为它们在远去，并很快会消失。

因为它们会远去，消逝，你不用害怕。因为你接受了你的感觉，你不用害怕。你充满期待和自信。现在你能处理好你的感觉，你能放松和处理好你的感觉。想想自己笔直地行走，每一步都充满了力量。因为你能处理你的害怕和焦虑。你毫无顾虑地接受未来。你能处理好并让你的害怕感逝去。如果你放松并做缓慢的深呼吸，如果你不再有焦虑的念头，3分钟后害怕感就会结束。

结束焦虑和害怕的辅助意念法

现在你通过使用结束焦虑和害怕意念法来学会接受、处理和控制你的焦虑和害怕感。而辅助意念法帮助强化你的目标，促进你的恢复。辅助意念法中的想象在你的潜意识中创造新的蓝图，在你从焦虑和害怕感中恢复一段时间后仍能强化你的积极行为和感觉。

想象你已经取得了巨大的进步。你让原来的害怕、焦虑随风而逝。现在你用心得处理技巧这一新的工具来控制自己的焦虑和压力。每天你都更加坚强，自信，更有把握。无论压力多大你都能处理好任何情况。你已经运用了新的技巧，在害怕有机会出现前就已经把害怕阻止了。许多原来的害怕被你远远地抛在脑后，并且一天天变得越来越模糊。未来的印象是你新的蓝图。现在，你想象用新的技巧停止了害怕感的袭击。你自在地呼吸，你觉得平稳，你的胸和胃都很平静。你已经成功了，你实现了你的目标。你赢了，你有控制力，感觉很棒。你为自己自豪，你感到很自信。你知道你能做到。现在你享受生活，而且没有原来的害怕感。它们仅仅是过去的包袱，你让它们远去。无论压力多大，你都能处理好。你有力量、信心，你能控制自己的生活。现在想象自己在特别的地方的自我形象，回忆你所有的新的、自信的感觉，相信自己能够处理任何情况，喜欢你自己。你沉醉于积极的感觉，长达几分钟。

治愈儿时留下的创伤

"我父亲每次喝醉都打我，他经常喝醉。现在我不能处理关系，承担责任，怎么会这样？"

"我缺乏自信，对自己很不满意。从儿时起我就记得父母亲从未赞同过我做的任何事情。"

这些话都出自小时候在某方面受过虐待的人之口。什么时候好意的教导成了虐待？这个问题很难回答，但是童年时的创伤会影响一生。

家庭虐待

3种环境因素经常和儿童虐待联系在一起。

1.酗酒家庭

酗酒经常是家庭虐待儿童的直接原因。据这一领域的专家调查，酒精经常导致身体虐待。这些因素会导致人与人之间的界限模糊或消失。很多时候家庭成员把他们的依赖感隐藏起来，酗酒家庭的小孩不得不猜测他们父母奇异行为背后的原因。下列行为帮助你判断是否是酒精或者毒品影响了你家庭中成人的行为。

个性巨大的改变。

情绪不稳。

表现出愤怒或者过分关爱。

记忆力弱。

长期压抑。

用酒精或毒品解压。

身体失去协调性。

2.情感错乱

如果父（母）亲隐藏他（她）的感觉，他们的某些感觉被否定或不允许，这样的家庭氛围就不会是鼓励信任，创造自由的氛围。孩子们很快就学会了掩藏自己的感觉，也不会期望父母的支持。这样的家庭在外人眼里可能非常完美，但是隐藏和未表达的情感已经影响了家庭成员间的信任和正常的纽带。

3.家庭虐待史

有一个家庭，父亲每年都打孩子们一次屁股——不管是否必须。他用的是细枝条。长大后，他的女儿对她的孩子们用的是发刷；他女儿的儿子以后用的是木板。这种方式一代又一代地重复。无论虐待的形式是什么，在痊愈和停止之前它会一直传下去。

承认痛苦

你可能没认识到自己曾经是个受过虐待的小孩，却在想为什么现在你没有自尊心、没有自信心，或者为什么你感到害怕、饮食紊乱或选择虐待伴侣。

弥合儿童虐待伤口的第一步是认识到在小时受过虐待的事实，因为记忆经常被深藏，你受过伤害的唯一线索是你和其他受虐待幸存者在某些行为上的相似性。接下来描述了几种虐待形式以及可能产生的行为方式。

1.身体虐待

乔治特童年时有过几位继父，他们都认为教导小孩的最好方式是好好地打他一顿。无论什么时候乔治特的举止让她的继父们看不顺眼时，她都会被鞭子抽一顿。她同样的行为方式即使稍微改变也会让每位继父大发雷霆，乔治特永远也不知道什么时候怎么做才不会挨打。她无法控制自己的生活，只有在她能控制的体重上来反抗。很快乔治特体重急剧下降，她用泻药把吃进去的食物拉出来。这种自残的行为开始上瘾，不久乔治特再也不能控制自己的大便。

现在乔治特45岁，看起来超过50岁。她每餐都要先吃西红柿等鲜艳食品。乔治特有创造力、聪明，然而没有自信。自我形象完全扭曲。乔治特无法工作，觉得自己完全失败。现在援助组帮助她处理儿时的虐待阴影、获得自我表现价值和恢复健康。

任何形式的身体虐待都会留下情感的创伤，影响远远超过了伤口本身。

既然身体伤害有长期的严重影响，大多数儿童心理学家认为不应对孩子进行身体惩罚。

在一些严重的身体虐待中，儿童会找办法来保护自己。防卫措施之一是精神逃避。受虐待的儿童假装伤害没有发生。他们会幻想逃到没有痛苦的想象世界。或者，为了找到他们迫切的避风港，身体上受虐待的儿童可能会躲避到无人到达的地方。这是防卫的一种方式。这里有一系列受身体虐待的儿童的其他行为和感情特征。

无法认清现实（对人们所处的不现实的环境的过高或过低期望，认为他们不喜欢你）。

害怕人们知道真实的你（你认为他们会发现你隐藏的缺点）。

无法感到或者表达爱意。

认为你内心的潜个性或者恶魔会发挥破坏力。

感到羞耻（因为父母亲的虐待行为而自责）。

隐藏你的真实感觉。

突然发怒和打架。

感到没有价值，逃避挑战。

2.情感虐待

29岁的罗伯特强迫自己走出门，穿过街道，进入杂货店。如果他看见有人朝他走过来，他就过马路，在另一边继续走。他并不是害怕陌生人伤害他，他是害怕别人打招呼时他不得不回答。偶遇的念头让罗伯特的心跳加快，呼吸短促。如果罗伯特这时有这种感觉，就有一个声音对他的害怕说："这些人不喜欢我，他们认为我不行。我会令他们失望。"从客观的角度来看，这种害怕不理性。陌生人潜在的接受或拒绝如此严重地影响罗伯特的行为方式似乎不可能。但是对罗伯特来说他的害怕是真实的，害怕每天都在影响他的生活。

罗伯特从未感到父母接受他或真的爱他，但还是小孩的他不敢说出来。他的父亲，一名化学家，大部分时间都待在实验室或家里的书房。他经常工作繁忙，罗伯特的抚养工作就交给了罗伯特的母亲。罗伯特的母亲有很强的是非观。罗伯特很小时她就给他灌输她的道德标准。根据他母亲的伦理观点，感情代表软弱，所以他们谈话时从不表达感情。罗伯特很快悟出：如果你流露出某种感情，那么你在某个重要方面是非常不足的。于是他从未向任何人流露自己的感情。

罗伯特的母亲也有情感。如果她能认识并承认的话，她应该知道她感到非常痛苦。痛苦来自她嫁的丈夫，而现在他已经完全抛弃了她。罗伯特感觉到了她母亲的痛苦。但是他既不能问，也不能安慰，他以为母亲生气是因为他。结果罗伯特得出结论，他会让她失望。

情感虐待带来的伤害似乎不深，也不被注意，实际上它造成的伤害很大。

想想熟悉的话语。"我妈妈看着我的样子，我就知道我最好闭嘴。"

在健康家庭里，教育是爱、同情和亲切的平衡。严厉的眼色就如鞭子的抽打，一句刺耳的话就置人于千里之外。

在缺乏感情的家庭里会发生各种虐待。这里有一些例子。

忽略。你的父母亲事情太多而无法关注你。或者你的父母不同意你做或不做的事情，他们把惩罚看作爱。

不一致。家庭混乱，规则每日改变。这一次接受的可能下一次不承认。

不满意。无论做什么，无论你如何努力，都不够好。如果你数学得了个A，地理得了一个B，但他们认为你应该得到两个A。如果你做得很好，你父母会表扬他们自己。"当然你会赢得网球赛。你是我的小孩，不是吗？"你的父母可能说，"当我打球的时候我是队里赢得比赛最多的人。"

害怕和威胁。你的父母创造的情感环境可能威胁你的安全。用暴力、灾难或惩罚作为威胁只会失去安全感。潜在的威胁通过身体和身体动作表现出来。

3.性虐待

35岁的卡伦是一家大型公共关系公司的成功会计员。她有幸福的婚姻，两个优秀的女儿。卡伦因为她的母亲和哥哥的性虐待已在理疗中心治疗多年。

卡伦的父亲和家人很少待在一起，因此没有意识到问题的存在。她的母亲经常喝酒，一喝醉就性虐待打小孩。她首先引诱她的长子，然后伙同儿子共同性虐待两个小女孩。虐待持续了许多年，卡伦和她的妹妹认为她们的哥哥是恶魔，妈妈是巫婆。两个小女孩互相帮助，假设自己是困在城堡里，从而幸存下来。她们生存下来了，却伤痕累累。

卡伦恢复了自尊心，改善了与丈夫的性关系。然而，她心中仍有阴影，非常害怕自己像妈妈那样鞭打和虐待她自己的女儿。她的恐惧感是如此强烈以至于她拒绝和儿女们有任何身体上的接触。她害怕和他们拥抱、亲吻和牵他们的手。

性虐待经常不容易被察觉。父母亲以不适当的方式调戏或给小孩讲性故事，这些虐待行为被误认为是爱和喜欢。性虐待隐藏得越深，小孩就感到越是混乱不清。小孩在情感侵略和被爱之间摇摆。跨越了界线，小孩就被剥夺了性发展的自然权利。

性虐待的幸存者成人以后很难与他人保持正常的关系。问题可能是：

性欲强；

性冷淡；

无法保持性关系；

害怕亲密；

害怕性；

害怕男性和女性；

感到受到目前或潜在的性伴侣的威胁；

选择虐待的伴侣；

选择孤僻的伴侣。

自我发现图表

作为成人你可能体验到无法理喻的感情和情感，它们可能让你郁闷，它们可能是慢性的或突然发生的。下面的自我发现帮助你决定你是否在童年受过虐待。列出的情况在受虐待而幸存者中相当普遍。

害怕让人们了解真正的你（你认为他们会发现一些隐藏的可怕的缺点）。

害怕被他人控制。

害怕你不受控制，伤害人。

害怕拒绝和抛弃。

害怕亲密。

害怕表达你的需要。

感到羞辱（因为父母亲的虐待行为而自责）。

突然感到生气。

感到没有价值；逃避挑战。

没有达到自己或他人的期望时的罪恶感。

感到权威人物的威胁或对权威人物有敌意。

感到受到目前或潜在的性伴侣的威胁。

隐藏你的真实感情。

没有能力感觉或表达爱和喜欢。

没有能力维护持久的关系。

选择虐待性或不正常的伴侣。

性欲强或弱。

完美主义（总是想把事情做对）。

过度使用香烟、酒精、毒品或食品。

对人们不现实的期望，认为人们不喜欢你。

试图控制你生命中重要的人的行为、感情或反应。

如果有几种情况适合你，你可能想知道你在儿时被虐待的可能性。为了拥有强烈的自我表现价值感，必须学会信任他人，获得自尊心的平衡。儿时受虐待的幸存者必须经历两方面的过程。首先，原来阻碍你进步的思维方式必须被新的积极的方式所代替，这样你才会用新的方式生活。其次，受到虐待的小孩必须和现在的成人接触并受到照顾。恢复后你才有可能让目前阻碍你产生爱和信任的疼痛逝去。

改变原来的方式

自我发现显示了在儿时受虐待的幸存者当时生活的普遍现象。你适合的状态可能已有很长一段时间，以至于已经成了一种习惯。这些感觉或思想已经深入到你的潜意识。

为了改变消极的行为方式，你必须改变评价自己的准则。例如，如果你认为自己害羞，不能去约会，你可能就不会去约会。如果你认为自己怕狗，你可能不会和狗散步。但如果你给自己一些积极的信息，如"我很棒，充满爱心，幽默"或者"我高雅，协调和敏捷"，那么你约会的机会将增多，你的狗会爱你。请注意你的大脑没必要相信你的新信息，因为你还要努力说服你的潜意识。如果你不断重复肯定的信息，潜意识中便不再有你原来的思维方式，从而新的感觉和行为方式便会被固定下来。

新的信息。仔细地看你在自我发现中符合的几项。把它们按先后顺序写在下面。

（1）_____

（2）_____

（3）_____

（4）_____

现在你准备创作新的信息。看你写下的第一项。想想在你生命中的特别时刻，这种感觉或行为伤害你最深。例如，你最害怕亲密感。努力想想由于你害怕亲密感而直接导致的行为结果。如果是一个很困难的问题，你的思维可能不想稳定在这个问题上。你越有针对性，你的大脑可能越一片空白。不断地把注意力放回原来的问题，直到你想起你对亲密感的害怕如何影响你的日常行为。你可能说："因为我害怕亲密感，所以我从不和陌生人谈话。"现在更深入些，努力找出行为背后的具体恐惧感。你可能说："我从未和陌生人谈过话因为我害怕别人取笑我。"你现在有了要解决的具体问题。记住这句话并没有深入到问题的核心。我不需要马上解决全部问题。一步一步地解决更有效果。

接下来，确定与陌生人谈话时希望如何表现。吸引人？聪明的？体贴的？

一旦确定了你希望表现的样子，就写下新的积极信息。可能是这样："我很聪明，我有信心，有能力来表达自己的思想。"这里有更多的处理其他问题的可能办法。

如果问题是完美主义，具体问题可能是"当我犯错误时，我害怕其他人会取笑我"。新信息可能是，"错误可以促进学习和进步。我是个犯错的好人。人非完人，孰能无错？我接受我的错误和成就"。

如果问题是你害怕权威人物，具体问题可能是："我和重要人物在一起

紧张，不知道他们说什么。"新的信息可能是，"我是有价值的人。在权威人物周围我有信心，有把握"。

如果问题是因为没有实现某人的期望而有罪恶感，具体的问题可能是："当丈夫抱怨房子周围的某些事时，我感到如此有罪恶感。"新信息可能是，"我已经尽了我最大的努力，我自我感觉良好。我很好地履行了我的责任"。

确定新的信息是积极的。意念法中不允许出现"不"字。如句子"我不会让其他人使我感觉糟糕"会混淆你的潜意识。因此最好改为"我感到自信，和其他人在一起感觉良好"。

现在写下原来的思维方式，并在旁边写下新的信息。

　　　　原来的思维方式　　　　新信息

（1）＿＿＿＿＿＿＿＿＿　＿＿＿＿＿＿＿＿＿

（2）＿＿＿＿＿＿＿＿＿　＿＿＿＿＿＿＿＿＿

（3）＿＿＿＿＿＿＿＿＿　＿＿＿＿＿＿＿＿＿

……

制订计划

现在你已经清楚地写下了你的新信息，你准备把它们融入你的潜意识。新信息意念法帮助你树立自信心和自尊心。你的新信息将成为你思想、感觉和行为的新方式。

树立信心，改变消极的方式。意念法建议：你想象自己更自信，每天越来越接近你的目标，每天你都让原来的方式随风而逝，原来的消极方式只会阻碍你的进步。

回忆积极的经历，增强自我价值感。意念法建议你回忆并想象你感觉良好的时刻，你取得了成就，或实现了目标，或是你得到了表扬。记住那一美好的感觉，回忆那一美好的感觉……回忆特殊时刻所有精彩的细节。即使是微不足道的成功也能让你感觉良好，提高你的自我价值感。

插入你的新信息。意念法让你有机会插入你的新信息，譬如"当某个人表扬我时，我说谢谢你，并且感觉我值得表扬"或者"我是有价值的人。遇见每一个人时我都有信心和把握"。为了把信息的作用最大化，把它们的数量限制在5个。你可以重复使用相同的信息或者用新的来代替。通过观察信息发挥作用的速度来评价自己的进步。

注入新的信息，为了让你的新信息发挥作用，意念法建议："想象你的新信息已经牢固地确立。你看起来更自信，更有把握。你喜欢自己，你为自己自豪，你受到朋友和家人的羡慕和尊敬。你的新信息发挥作用，并且越来越大。"意念法中产生的积极情感越强烈，新信息就越深刻地注入你的潜意识中。

使用意念法

1.新信息意念法

现在你感觉如此舒适，如此放松。一种平和感流经你的全身。你感觉所有的目标和期望似乎都能轻易实现。想象自己更有信心。每一天每一时刻都越来越接近你的目标。每一天每一时刻你都让原来的方式逝去。原来的消极方式仅仅会阻碍你，原来的消极方式仅仅带给你压力。你让它们离去，释放它们，让它们离去。在心里你看见它们，看见它们消失。让它们离去，让平和感越来越强烈。随着自信感越来越强烈，你对自己的感觉越来越好。现在想象感觉良好的时候，回忆美好的感觉，体验成就感。想象脸上的微笑或自豪感。回忆特殊时刻精彩的细节。现在保持这种感觉，坚持这种感觉，让自信感越来越强烈，自我感觉越来越好。现在继续放松，插入新的信息，如："当有人表扬你时，我说谢谢你，觉得自己值得表扬。"或者"我是有价值的人。遇到每一个时我感到自信和有把握"。

现在仅仅想象你的新信息已经根深蒂固。你看起来越来越自信，更有把握。你喜欢自己，你为自己自豪，你是很不错的人，你值得成为最好的你。你受到你的朋友和家人的羡慕和尊敬，你越来越有信心，你的新信息正在发挥作用，而且越来越大。现在让所有积极的感觉和想法深入到你的潜在意识，越来越强烈。然后进入到另一个时刻，让你的思想慢慢返回到你的特别场所，你的平和之地。

2.受虐待小孩的内心

你有没有曾经靠近某个人然后注意到他的微笑，他的脚步，他的味道——这一切让你想起你二年级的老师？这时候一连串记忆涌上心头——木地板的教室，休息的铃声，学校里嬉戏的孩子。许多事情可能激发你童年的记忆。当你触摸到这些记忆及它们带来的感觉时，你就接触到你内心的小孩。

对于受虐待儿童来说，感觉并没有例子中那样美好。伤害、怒火、害怕和羞耻可能全部进入痛苦而生动的记忆中，尽管痛苦，内心的小孩仍然喜欢玩这个游戏，他也很清楚你生活中想要什么，需要什么。当"我不想那样做"或者"我不听"这样的想法出现时，你就听到你内心小孩的声音。

3.相遇你的内心小孩

闭上你的眼睛，吸气，放松。让一个小孩的形象出现。他可能是脆弱的婴儿、8岁调皮小孩或者叛逆的青少年。有时你想象的形象可能不像你小时候的样子。没关系，这个形象就是你内心小孩的特征，他不一定很像你。

治愈你的内心小孩

意念法建议你想象一个特别的地方，在那儿你与你的内心小孩相遇。为你们的相遇想象一个安全与平和的地方。你的内心小孩需要感到安全。在这个特别的地方，你可以问你的内心小孩一些问题，如："我做什么才让你感觉好些？你需要什么？你给我什么信息？"在问每一个问题后，等待。答案不会马上就有。实际上，在你的内心小孩感到有足够的安全感之前，意念法不得不重复几遍。除了倾听内心小孩说的话，注意他脸上的表情和内心小孩的情感变化。注意他的身体语言。你的内心小孩是内向还是外向？

当你和你的内心小孩结束对话后，停留片刻回顾你生活中的爱——你对你自己的小孩、伴侣、朋友，或者宠物的爱。直接向你的内心小孩表示爱意，拥抱他并且让你的内心小孩知道他很重要。意念法建议你让这些美好的感觉把你和你的内心小孩连接在一起，这样内心小孩才有可能治愈。

使用内心小孩意念法

现在想象允许你的内心小孩进入你的特别地方，这个地方是如此平和，如此温馨，如此安全，如此可靠。现在想象你的内心小孩出现在你的面前。

现在注意你的内心小孩的模样。穿什么衣服？内心小孩的面部表情怎样？你的内心小孩高兴还是悲伤？注意内心小孩的身体语言。他是开朗还是内向？和你的内心小孩交朋友。让你的内心小孩知道他是安全的、被需要的和重要的。如果你愿意，问你的内心小孩几个问题，例如，"我怎么办才能让你感觉更好？你需要什么？你想给我什么信息？"耐心等待答案。一定要倾听你的内心小孩。答案可能要等待一会儿才有，没关系。如果你的内心小孩不和你交谈，没关系。在你认为的安全地方度过时间，让自己感到爱和温暖。

随后事宜

坚持一个月，每日使用治愈内心小孩意念法。当你感到有明显的改善时，每星期使用一到两次，同时你必须继续提高你的自尊心和自信心。你可以用提高自尊心意念法来代替内心小孩意念法。

恢复的过程曲折起伏。某天你感觉很好，认为自己已经抛弃了原来的问题，第二天它们可能又出现了。继续使用意念法，你会发现锋利的棱角在磨平，低落的心情更容易把握。

特别提示

一旦开始探讨儿时受虐待的问题，感觉就像打开了的潘多拉盒子。你可能没有做好准备看里面放的是什么，最有效的办法是向一名熟悉儿童虐待问题的资深理疗师咨询。

PART 03
拥有健康完美的生活

戒烟

汤姆·洛夫勒，法律专业三年级学生，早上起床做50个俯卧撑，在家吃个短暂的早餐，骑自行车去学校。3年来他从未改变这一习惯。

鲁思·纳瓦莱特，60岁的作家，早上5点醒来，煮一壶法式咖啡，从屋前草坪拿回《编年史报》，再回到床上看报纸，品咖啡。从她开始记事起，她每天早上都这样过。

劳伦·霍姆，单身的45岁英语教授，不带上他必备的同伴——目前读的材料，他就不坐下吃饭（如果，由于某些原因，劳伦没有书、文章或报纸可读，他会禁不住读番茄酱的标签和糖的包装）。

在丽莎·迈克麦斯特上床前，她要安排一下第二天的大体计划。自从成为当地电视台的节目助理导演后，她每晚都如此。有时，她从床头柜上拿几张纸，记下笔记。然后带着这种期望明天的不变程序进入梦乡。

丽塔和杰克·威斯顿，在他们50多岁时做房地产代理，每天早上上路时点上第一支香烟。从那时起，杰克每半小时要吸一支烟，丽塔每天至少要吸一包半。在他们结婚后的20年里，这种模式一直没有改变过。

以上这些人，以及其他上百万与他们类似的人，都有一个根深蒂固的习惯，就像条件反射一样。不管他们的具体习惯是什么，每个人都能得到自己的满足。

汤姆·洛夫勒做完俯卧撑之后精力充沛。每天早上看完报纸、品完咖啡后，鲁思·纳瓦莱特会一天都充满干劲。劳伦阅读时，会被印刷的字带到一个梦幻般美妙的世界里。丽莎写下她第二天活动计划就倍感舒适，当然，丽塔和杰克·威斯顿每次点上烟都会得到暂时的活力。

每个习惯好像都很持久。如果你吸烟，你就会知道一个习惯会多么持久。你可能已经忘记你开始吸烟的最初缘由，或者你只是发现每天吸烟并没有明显的理由。虽然，现在你想要终止这个习惯，却总发现想要终止它是不可能的。所有的医学资料和世上的威吓策略都不能影响你改掉它。原因很简单，习惯不是由你思想中的理性部分建立的，它的起因是存在于你的潜意识中的。如果你想要改变行为，你必须首先认识到行为的原因。下面是吸烟的主要原因：

吸烟可以滋养自己。早上起来你觉得呆滞，眼前的工作前景暗淡。你点上烟，快速提提神，精神得到些许提高，感觉为一天准备好了。

香烟的陪伴让你减轻了孤独感。也许，你在家大部分是独自一人，你感觉与外界隔绝。或者，你可能感觉被忽略。如果你的孩子刚去了大学读书或你正经历生活中的分离，你对香烟这位"朋友"的依赖性更加强烈。在缺乏其他支持的情况下，你就吸烟。

吸烟来减少压力或从所进行的活动中休息一下。整天都受到工作的压力。你好像不能释放或想寻求镇静，因此吸一支烟。停止你正做的事，点上烟，深吸一口，有几个目的。

第一，烟能让你从所做的事情（从计算机编程到博物馆游览导游到设计发型）中得到身体上的少许休息。如果你正吸烟，你不能同时做别的事。

第二，深深吸一口烟本身也是一种放松练习（正如你所知道的，深呼吸是放松的一部分）。

第三，只为了吸烟能把你带到思想中预想画面的片刻。当你点上烟，你期望享受片刻的愉悦。推开压力，你会焕然一新，让你自己继续进行其他活动。

在感到社会关系不自在时，你会吸烟。你同你不熟悉的人相处感到尴尬。你不知道和他们说些什么，想交谈又手足无措。所以你用烟做道具，甚至当作一种让你在社会关系中感觉更安全的依靠，否则你会觉得非常不舒适。

在宴会上，烟可以作为一种纽带，在你递烟或者接受烟时，把你带入吸烟人群中来。你可以把烟作为认识其他人的工具，因为你们共有相同的习惯，能提供一些安全、打破僵局的对话。

最后，因为你感觉吸烟让你看起来更老练、自信和突出，你的自我想象得以增强。你可能十分羡慕吸烟的人，模仿他人的习惯让你与他的行为一致，从而减少疏离感。

吸烟是为了控制体重。吸烟能够抑制胃口，你可能用这种习惯来减少正常的食欲或控制另一种习惯——吃得过多。如果早餐吸一支烟、喝咖啡，中午喝碗汤、吸两支烟，你晚饭会吃得更多——即使你没有真正感到味道有多好。

在弄清楚了吸烟的原因之后，我们下面要做的就是：

制订你的无烟计划

现在，你已经有了一套具体的新选项。检查一下列表，确保你的每个选项都很明确，你发自内心想去做。这些选项都有助于你的两个主要目标：

成为永久不吸烟的人。想象自己是个不吸烟的人是很重要的。不吸烟的人是选择不去吸烟的人。你不能想象自己是个以前吸烟的人，一个强迫自己不吸烟的人。

把新习惯整合到你的生活中。这些新习惯列在新选项的表中。

正如你所知道的，习惯需要建立在你潜意识上。是潜意识让你培养、支持自己吸烟。为了能真正代替吸烟，你要重新编制潜意识。

为结果来重新编制

通过催眠诱导来实现重新编制，目的是帮你满足特定需要并减少日常环境带来的要求。你需要：

建立自信心以达到目标。诱导暗示："回忆过去你已经取得的所有成功，你已经达到的许多积极的目标，为生活中所有积极的方面骄傲，因为你在过去是成功的，因为你已经达到非常多的积极目标，你会继续成功达成你未来的每个目标，在生活的各个方面继续成功……"

感觉香烟没有吸引力、味道不好。诱导暗示："现在烟味令人厌恶，味道没有吸引力。你的嘴里没有烟，没有任何香烟的味道，感觉清新。"

感觉你自己是个健康、有活力的人。诱导暗示："在你身体里没有循环有毒的、不健康的烟雾。现在，你选择变得健康、强壮，用你干净、清新的肺呼吸清洁的空气。你烟吸得越少，你的感觉越好。很快，你开始发现你生活的各个方面开始得到越来越多的提高。你的呼吸越来越容易，重新获得了全新、健康、重要的能量。"

想象你自己是一个不吸烟的人。诱导暗示："你有理由去做个不吸烟的人。现在你有意识选择去做个不吸烟的人，你感觉很好，脸上带着微笑。你是个不吸烟的人，这感觉好极了，你已经停止吸烟了。想象你自己在社交场合，想象你自己在任何场合享受自己，没有烟感觉好极了。"

根据吸烟的时间、地点、原因把新的行为模式整合到生活中诱导暗示："现在你有对付旧习惯的新方法了。插入全部你列在新选项一栏中的陈述，如果要把诱导录音，需要把我换成你。"

要包括你列在何时、何地、为什么栏目中各个条件的新选项。注意不要一次使用所有的新选项。开始时使用一栏（何时、何地、为什么），一旦这3个选项都成了习惯，你可以把其他新选项插入到诱导中。这样不会让新的行为模式使你负担过重。

完整诱导

你已经建立信念，已经做出选择去做个不吸烟的人，感觉很好。你的身体现在抵制吸烟，你的肺不再想要有毒的气体进入，现在它们想重新变得清洁、干净、健康。你的鼻窦想要感觉干净、清新的空气。香烟的味道现在让人恶心，味道不吸引人、让人不感兴趣。你的嘴里没有烟，没有香烟的痕迹，感觉很清新。你有很多正当理由去做个不吸烟的人。你已经建立信念，现在比以前更主动去继续为自己建立最健康的生活，你现在是个不吸烟的人。你从心里感觉如此。你现在有意识地选择不吸烟，感觉很好。你是个不吸烟的人，积极的感觉会陪伴你一整天，无论你去哪里。想象你的日常工作，你通常所做的事情，想象你自己做这些日常工作时没有吸一支烟，感觉很好。你现在有对付旧习惯的新方法了，这是你对付旧习惯的新方法，一个成功的方法。想象你做日常工作没有吸一支烟，你的脸上带着微笑，你感觉很好。无论你的目的地在哪里，想象你自己如平常一样到那里没有吸一支烟，呼吸干净、清新的空气，喜欢做个不吸烟的人。继续想象你自己进行日常工作，感觉平静。在你的脸上挂着微笑，你是个不吸烟的人，这感觉好极了。你已经停止吸烟，你郑重地决定不再吸烟，你感觉很好。做个不吸烟的人你感觉很好。想象你自己没有吸一支烟度过了一天。很快你开始注意到每日每夜你生活的各个方面都得到越来越多的提升。你继续轻松地呼吸，重新获得全新、健康重要的能量。你是个不吸烟的人，感觉很好。想象你自己所在情况，想象你自己在各种情况下，享受自己，没有烟感觉好极了，那感觉很好。

期望和加强什么

此催眠诱导产生作用的时间长短因人而异，有的人在第一阶段就停止了吸烟，有的人要反复诱导6个月才能停止，在你达到不吸烟的状态后，不久你可能又很想吸烟。如果这样，立即使用戒烟诱导。不要助长这种情况，让吸烟再次成为驻扎在你意识中的习惯。

特别注意事项

大多数人对于接受立即改变（彻底戒除）他们习惯的诱导没有任何困难。也有少数人不愿去尝试这样，害怕潜意识接受得过于剧烈。如果你是这种情况，可以换种方式。你可以同样使用本章中的戒烟诱导，把关键语句"你现在是个不吸烟的人"替换为"你现在比以前吸烟要少"。然后是"你现在吸烟比上周吸得少"。继续用这种渐进的巩固方式，直到实现戒烟。在诱导中把暗示语句改成表达渐进的改变，而不是全面改变。

在你使用催眠的同时，让自己尽可能地处于没有压力、发展的状态。你正进行生命中巨大的改变，你所做的加强新行为的任何事情都使这种转变更加容易。

解决部分健康问题

艾伦坐在电视机前，点上一支烟，沉浸在酒里，在短短的8分钟内吃了很多食物。过了不一会儿，他突然感觉胸口一阵剧痛。这种情况已有好几个月了，医生诊断为他正处于心脏病的早期阶段。艾伦预料到了这种情况，因为他的父亲也有相同的症状。艾伦认为对于他的问题，他是无法改变的，因此，继续保持着他那种破坏性的生活方式。

凯西上班迟到了15分钟，她的头有些疼，并且感觉有些恶心。她放弃了在家休息的想法，因为下午还有一个重要的销售会议。但是，快到中午的时候，她感到病得严重了，不得不离开办公室。那天晚上，她又完全恢复了。第2周，按照计划她要在3点半给同事做一个讲座。到1点半时，她突然哮喘发作，不得不回家。她去看医生，但没有发现哮喘症状。

这两个人有以下几点共同之处：他们都受到了疾病困扰；他们对导致该情形的原因了解很少或者根本不了解。对自己的健康状况不能控制。

艾伦和凯西对他们的身体和心理的状态需要有一个清楚的了解。只有当他们发现自己疾病的原因以及拥有能治疗它们的选择和技术时，才能更好地掌握他们自己的健康和幸福。

健康问题的主要原因

健康问题常见的原因通常是非常明晰的。大多数健康问题是由下面几种情形之一发展来的。

你的健康问题是由于压力造成的。由于压力产生健康问题是现代生活最常见、最主要的一个因素，因此，压力也成了我们日常生活的一部分："我们关系中的压力都快毁了我们的婚姻"、"他的压力太大，他整个人都快崩溃了"、"我不介意工作本身，是工作的压力让我沮丧"等。

没有人能免除压力，但是，一旦压力成为你生活中的一个持续的负面因素的时候，它能导致你身体防御能力的崩溃，从而反过来引起你对疾病的抵抗力下降。

压力情况在不同的人身上产生的反应是不同的，甚至与性别也有关系。例如，研究显示，给男人和女人同样的压力刺激，他们将产生不同的生理反应。又例如，研究发现，很少与人交流的人会产生压力反应：对于男人来说，血压升高，而对于女人来说，血压变化幅度没有心脏变化的幅度大。

当然，压力反应的严重程度跟刺激是一致的。刺激可以小至与上级谈话也可能是一个大创伤，例如谈及配偶的去世。位于西雅图的华盛顿大学医学院的一位医生托马斯·H.福尔摩斯提出了"压力尺度"的概念。这种压力尺度将人生中的重要事件与情感或生理的疾病联系起来。

当一个人生活改变开始伴随着悠闲的时间时，他将有更多的时间来关注他的身体状况。退休的人或者是在家带孩子的女人，在孩子离家工作或上大学时，都经常会出现两类身体上的问题：以前一直忽视的，或者是由于"向外集中"的生活方式而被有意识地忽略的问题；由于新产生的个人焦虑引起的问题。

你所处的环境和身体是产生压力症状的主要原因。在环境中，一些没有被你认为是压力刺激因素的外界条

件颇有破坏力。这些可以包括频繁与人群接触、暴露于危险中、不满足的家庭生活条件、讨厌天气或噪声等。

这些环境条件经常因为你对它们的态度或信任而变得更糟。例如，一项调查研究发现，在伦敦希思罗机场和纽约肯尼迪机场附近居住的居民认为，飞行员、机场人员以及政府官员不关心机场噪音给他们带来的不便和干扰，因此非常恼火。而且，那些认为噪音是不必要的、危害他们的健康的人，是额外有压力的。相反，那些认为有其他人关心噪音干扰事件并在努力解决的人的压力较小。

来源于生理的压力有两类：可避免的和不可避免的。可避免的压力包括引起食欲减退或失眠等压力。不可避免的包括导致像衰老等情况的压力。

不管你正经历的是哪种压力，导致身体上不适的症状是多种多样的：头疼、胃溃疡、关节炎、肠炎、腹泻、哮喘、心律不齐、循环问题、肌肉拉伸甚至癌症。

一些人声称所有疾病都是在压力的基础上发展而来的。有人认为这是一个夸张的说法，但是，在压力的作用下人们都更容易生病——即使压力本身不是导致疾病的直接原因。

压力引起的慢性疾病通常是独特的、难以辨别的。埃塞尔就发生了这样的情况，埃塞尔是一位62岁的家庭主妇，两年来她眼睛周围的肌肉和眼皮发生痉挛，使得眼睛不由自主地闭上。尽管埃塞尔没有患发作性睡眠病，但大多数时间里她都闭着眼睛。

当肌肉痉挛开始发作时，她的眼皮紧紧地闭着。催眠治疗师发现，埃塞尔的眼皮在她参与谈话时能睁开，并只有在她发言的时候才睁开。只要她说话，她的眼睛就睁着。埃塞尔并没有意识到这个现象，只是认为她的眼睛偶尔睁开。咨询医生只找到了两个可用于埃塞尔的治疗方案：把眼皮缝上，使它们保持睁开状态；滴眼药水使眼睛保持必要的湿润，或者是阻断神经。埃塞尔为了避免这些医学治疗，采用了催眠疗法。治疗程序包括压力减轻诱导和放松诱导，以及包含积极想象的催眠后暗示。诱导暗示："每天你的眼睛睁开的时间越来越长。"当埃塞尔进入催眠的恍惚状态时，要求她以正常声音说话，详细谈谈她喜欢做的一些事情（她的天分或特长）。当埃塞尔讲了一个她的巨大成就——为一个10个人组成的现代舞蹈团做服装刺绣，她享受着对她巨大成就的重新回忆。

在埃塞尔说话的时候，催眠治疗师暗示埃塞尔继续放松。埃塞尔轻松地进入了恍惚状态，眼睛在对话中保持睁开状态。随着诱导的进行，催眠治疗师让埃塞尔降低她说话的声音。她遵从，每次暗示给出的时候，她的眼睛继续保持睁开。然后，她睁着眼低声说话。最后，她只是在嘴里咕噜着，根本听不到声音。她的眼睛继续睁着。在那种状态下，催眠师给予了催眠后暗示："你的眼睛是睁着的，你没有发出任何声音，你的眼睛现在将继续保持睁开，即使在你没有说话的时候，以后每天你的眼睛睁开的时间越来越长。"

这项治疗每周进行两次，连续治疗六周。在第3周时，埃塞尔感到了巨大进步。她的眼睛在这两年来第1次睁开了一整天。但是第2天眼睛又紧紧闭了一整天。这种一时的巨大进步是由于埃塞尔暂时的抵抗引起的，因为，在一定程度上，她想把整个世界继续关在外面。在随后的几周里，催眠师继续给她放松、自尊和积极想象的暗示。治疗结束后，埃塞尔的眼睛便睁开着，她已经恢复了正常的生活。埃塞尔被建议继续进行心理治疗，以便更好地理解她的压力产生的原因，以及为何这样严重地影响了她的生活。

你的健康问题可以被遗传。一些家族性疾病，如过敏、哮喘、糖尿病和心脏病是可以遗传的，也就是说，你可能天生就容易得这些病。这些健康问题可能以三种形式表现出来：在相对年轻的时期表现出来，甚至是在出生的时候；由于生活方式的急剧改变或者在一段困难时期，以及被延长的个人欲望所导致的压力过大的情况下会表现出来；它在你整个一生中都可能保持在静息状态。

如果你遗传的健康问题以第3种方式表现出来，你就没有必要担心。但是，如果你的遗传病在出生时，或者是在儿童时期就表现出来，你可以采取一定措施来对抗或者是减轻症状。同样，如果问题是在极度压力的条件下出现的，你首先可以解决你的压力问题，然后集中在特定的症状或情形上。

你的健康问题可能是由于一次受伤或意外事件。当由于受伤和事故而休克时，你身体的反应是多种多样的。三个主要的反应是：低血压、脉搏减弱和体温降低。在一些极端的例子中，休克能导致死亡。意外或受伤导致的休克都将不无例外地引起机体防御能力的下降。更确切地说，在休克状态下，神经系统对多种身体重要功能系统（主要是循环系统和呼吸系统）的控制将降低或停止。这种影响随病人和伤害的程度而有所差异。

所以，这种影响可能是暂时的或者拖延、导致慢性疾病。在这种情况下，你的免疫系统变弱，你更容易得病或有一般的健康问题。例如，有的人对以前根本不会过敏的物质变得过敏。

当然，你也可能因为受伤或事故直接导致得病、慢性失调。这些问题包括背痉挛、在受伤的关节处有关节炎、肌腱炎、麻痹、有刺痛感、心率失调、结肠炎或呼吸疾病等。

戴夫，在27岁前做过冲浪运动员，从绘画脚手架上掉下来后受伤。康复后被诊断为背部受伤。

在戴夫出事以前，他从没有过任何的肌肉痉挛。然而，出事那年他背部肌肉痉挛6次。每次发病，戴夫都要服用肌肉弛缓药和镇痛剂三四天才能重新工作。

在他第一次见催眠师时，催眠师从他的步态中推测他可能迁就背部，也就是说，他仍认为他的背部受着伤。戴夫同时也是个感受强烈的人，把问题藏在心里。他的治疗包括压力减轻诱导，以及针对背部、脊骨、姿势的治疗暗示。在诱导中，暗示戴夫背部强壮、能弯曲，让他能有直立的姿势，并能从事他的绘画承包人的工作。

伴随催眠治疗，戴夫按照医生的建议做一些增强背部肌肉的练习。几周后，戴夫说他感觉到整体健康都有所改善。到目前为止，自他开始进行催眠治疗和锻炼已经时隔两年，他的肌肉痉挛再没有发作。现在，他能再次定期在娱乐场所进行他喜欢的运动了。他说感觉比发生事故之前还要好。

你的健康问题可能与HIV/AIDS有关。HIV（人免疫缺损病毒）是能引起AIDS（获得性免疫功能丧失综合征）的病毒。HIV能损害机体内特定细胞，减弱免疫系统，以致人对感染的防御能力丧失，研究表明，情感对免疫系统有很大的影响。恐惧、生气、沮丧以及压力都会损害身体。会产生这些感情是因为感染HIV/AIDS的病人面临很多复杂的问题。

杰瑞和马克都患有AIDS，并已经同各种感染战斗超过7年了。他们把压力减到最小的积极态度是他们能长期生存的重要因素。催眠治疗暗示他们减轻压力并增强免疫系统。

同时杰瑞和马克进行每周一次的催眠治疗，持续6周。在某些情况下，一起接受催眠是一种辅助疗法。步骤开始是压力减轻诱导，接着是一般治疗诱导，在步骤过程中，鼓励杰瑞和马克根据他们特定的需要设计特定的催眠后暗示。而且，催眠师建立想象去增强他们的免疫系统功能，并整合到一般治疗诱导中。这个想象暗示着免疫系统的样子，一旦建立了想象，告诉他们想象治疗细胞在免疫系统中流动，增强了免疫力。在最初的几周，杰瑞和马克都说感觉更加放松。在疗程的第六周结束时，每个人都感觉诱导（连同增强免疫系统的想象）帮助他们减轻了压力并保持积极的态度。

你的健康问题可能是治疗癌症引起的。催眠可用于癌症治疗的很多阶段。疾病的症状包括从深层的情感伤痛到由药物治疗和手术引起的疼痛。可使用催眠来帮助控制特定器官的疼痛、疲劳、易怒、低血球数、感染、失眠以及化疗和放疗的副作用，例如恶心、呕吐。

在催眠过程中给出的暗示能把剧痛转变为更能控制的状态，有时能完全消除。然而，因为疼痛是非常重要的指示，能有助于感觉到药物治疗的过程，所以在完全消除疼痛之前要千万小心。

催眠诱导过程中的深度放松可以自动减少疲劳、易怒和失眠。结合特定的暗示，如"感觉平静和放松，睡个好觉"将更快地产生效果。

自主神经系统控制着机体的非自动功能，如出汗、消化、心率。催眠暗示有助于这些功能放松、平静心率和帮助消化。

想象正常的血细胞数和健康细胞能增强免疫系统对抗感染。可以在手术前后想象红细胞和白细胞流过你的全身对抗着感染。

制订你一生的计划

不管你健康问题的性质如何，你的主要目标是以下两种中的其中一种：减轻慢性疾患所带来的不适和疼痛；迅速治愈和恢复、保持健康。

只有通过精心设计一个有效的（或者是提高的）可操作的健康平台才能实现这些目标。该平台包括以下部分：

好的营养。

消除有害的物质，包括烟、酒、环境中的毒物、不再需要的习惯用药。

减轻刺激。

提高个人安全。

疾病的早期检测，自我检查和注意身体的变化。

减轻生活中的压力和消极情况。

定期的休闲时间，在必要的时候拟订计划。

为结果来重新编制

这里我们所讲述的诱导是为了帮助你以一定方式思考、感觉和行动。他们通过提供合理的现实的暗示和想象的积极暗示来编制你的潜意识。下面是一些控制你健康、整合到新行为要获得的特定目标。

练习放松以减轻压力。作为完整健康诱导的一个组成部分，放松诱导暗示："释放你体内、情绪和思想中的任何紧张与压力，让压力消失。感觉压抑的想法在你的大脑里涌现，感觉它们在消失、并放松。注意你的身体感觉是多么舒适，漂浮，深深地，深深地，深深地放松……"

集中对抗特定的疾病或情况的积极想象。你所采用的想象应取决于你的特定健康问题，你可以在主要诱导中使用暗示。例如，如果癌症是你特定的健康问题，你可以暗示："将你的注意力集中在你的癌变区域，现在想象你的癌症看起来是什么样的，你可以把它想象成任意你喜欢的样子，它可以是一群将要被很大的、凶残的大鱼吃掉的小鱼。你可以利用任何图像，红颜色变成蓝颜色是好了，当红色完全被蓝色所代替，红色消失了，癌症就消失了，完全消失了。现在想象它正在皱缩、枯竭，皱缩，直到皱缩成可以消除的一点。细胞是完整的、健康的，完全完整和健康的，你的恢复过程发生作用了。"

编制你的潜意识以保持健康。全面恢复诱导暗示："现在想象你自己健康、强壮、有活力，在你的脸上挂着微笑，你感觉好极了，感觉健康又强壮。这种积极的想象一天天地变得越来越强大。"

你的治疗计划

你需要用到两种主要诱导，每种包括多个组成部分。第一种主诱导用于感受到与特定健康问题有关的不适的时候。第二种诱导可以用于任何时候，促进全面恢复。

要录制第一种诱导，按照下面的第一项进行；要录制第二种诱导进行全面的恢复，按照下面的第二项进行。

第一，找到你要消除的健康问题，然后阅读针对你特殊问题的暗示。

按照下面的指令，让你的暗示个性化，紧接着向下诱导进行录音。在录音时，你需要重复暗示中的关键语句，然后重复整个建议一次。

第二，在向下诱导后马上录制全面恢复诱导。

应该把这些组成录音，以便它们融合在一起形成两个完整的健康诱导。它们应当一起发挥作用以满足不同人的需要。

治疗你的健康问题一节中的暗示在这里是被作为一些模板的。你应在所选择的暗示主题的基础上进行扩展，也就是说，它作为核心，你在此基础上建立完整有效的催眠后诱导。你所插入的或增加的内容应根据你特定的健康问题来定。在你发展自己个性化暗示的时候，记住要用同义词来加强、解释你的暗示，用连词来保持整个语言流畅，在你需要表示一个特定行为的开始或结束的时候，指定一个时间（注意，如果你的健康问题不在本章中所述内容之内，找到一个类似的问题，理解针对该问题的建议，然后将它作为一个模板，写下你自己的暗示）。

治疗你的隐疾，促进健康

1.过敏

深呼吸一次，开始轻松呼吸。再深呼吸一次，感觉你的鼻窦张开，空气从鼻窦进入你的肺里，呼气，感觉紧张离开了你的身体。想象你正呼吸干净、新鲜的空气，这种新鲜空气可能是你在雪山顶，或美丽的海洋感受到的。空气如此让人振奋，令人愉快，非常轻松地呼吸，凉爽并新鲜。从现在起，每当你看见或感觉你过敏的物质的时候，想象雪山或广阔凉爽的海洋，放松你的呼吸，慢慢呼吸，感觉鼻窦张开，让空气进来，轻松呼吸，感觉如此放松。

2.哮喘和支气管疾病

放松，缓慢而均匀地呼吸。感觉空气从你的鼻孔进来，沿着你的气管进入到肺。你控制你的呼吸，完全控制，从现在起，在你感觉到哮喘要开始的时候，你能够通过放松你身体的每一块肌肉来迅速终止它。注意力集中在你的呼吸，放松呼吸。开始想象你处于一个美丽清新的沙漠，呼吸着清新的秋天的空气，感觉它深深地进入你的肺部。在你想象这种清新的沙漠空气进入你肺部的时候，你的呼吸恢复到正常。

3.心血管疾病

放松你的胸部，吸气，在吸气的时候注意力集中在你心脏的节奏上，慢慢呼气，感觉平静、放松。想象你的血液均匀地流过你的静脉和动脉，你的心脏肌肉完美地工作。随着每一个跳动，你的心肌增强，变得强壮、有活力，感觉你强壮的心脏均匀、平静的节奏，平静又均匀，平静又均匀。你的心脏是强壮的、可靠的，心脏的节奏均匀、平静、有力。

4.寒冷与流感

当你放松时，将任何不适的感觉放到一边，注意力集中在完全放松上，健康并恢复，开始想象你的整个身体从脚趾到头顶都充满了橙色，就像一瓶橙汁。现在想象你从你的脚底拔开一个塞子，所有的橙色都慢慢地从你的身体流出来，随着橙色的流出，也带走了所有的感染、流感病毒和任何对你健康有害的物质。感觉它们正在流走，就像你慢慢倒出一瓶橙汁。感觉它们正在流走、流走，一旦橙色彻底从你的头顶流到脚趾以后，让你的身体从脚趾到头顶都充满了能恢复身体、补充新的健康能量的柔和的金色。现在感觉金色，感觉全新、有活力的能量充满你的身体。

5.结肠炎

感觉你腹部的肌肉放松，将你的注意力集中在腹部，感觉一股柔和的暖流流过你的下部肠区，在你的肚脐下面，想象一股暖暖的恢复感正流过你的肠、进入你的结肠，缓和又放松。你可以认为你的肠区是全新的、健康的、完美的、平静的。慢慢地，你控制了它，完全控制了它。

6.增强免疫系统

当你越来越放松的时候，开始想象你的免疫系统，它可以是任何你想要的东西，它可以是任意形状、尺寸、颜色或物体，任何你想得到的东西都可以。让这种想象变得越来越清晰，越来越详细。有很多因素促进健康的免疫系统，一些包括健康的血细胞，另一些包括特定腺体的功能。你只需要想象所有的系统都在完好地工作以增强你的免疫系统。正如一个精密仪器一样，你体内的每个系统都在有效地工作，以加强你免疫系统的功能。现在想象你的免疫系统正在以最积极的方式反应，看见它正在变得越来越强壮，保护你的身体，保护你身体的每个功能。现在想象你的免疫系统正在变得越来越强大，以最好的状态在工作。

7.偏头痛

感觉你太阳穴的肌肉放松，将你的注意力集中在前额的肌肉，感觉这些肌肉放松，放松你的眼睛，深吸气。呼气，感觉你头部的所有肌肉都在放松。现在跟着前额的这些肌肉，将注意力集中在这些肌肉上，穿过前额，围绕头部，到达耳朵、头盖骨底部，放松这些区域，想象凉爽的微风吹过你的脸，冷却你的头、你的脸、你的眼睛。想象一阵凉爽、柔和的感觉穿过你的前额、每只眼睛上方。想象你在山上的雪地里行走，你的手揣在衣袋里，它们很温暖。你的手温暖又舒适，一股凉爽的微风和寒冷的空气让你的头变冷，抚慰、放松每一块肌肉，释放任何紧张、任何紧张。平静的感觉流过你的眼睛、前额，你感觉平静、舒适、放松。

8.胃溃疡

放松每一块肌肉，现在想象把你所有的担心和问题都放到一个鞋盒子里，盖上盒子的盖子，放到衣柜里，把它放到衣架的最顶部。你以后可以随时在需要的时候再将它们拿出来，但是，现在把这些担忧放在一边，享受没有它们的美好。现在释放体内思想、情感上的所有压力，感觉平静包围着你，形成一个保护盾牌，让你在工作、家庭或任何情况下避免过度的压力。现在你得到了保护，压力远离你，你感觉到平静流过你的身体，它舒适、温暖的感觉正进入你的胃部，感觉它抚慰、治愈你的溃疡。由于你平静、舒适，你的溃疡会好得很快。现在你的潜意识正被重新编制，以保护你的胃免受压力的侵袭，拒绝

消极的压力干扰你的身体、思想和情感。现在继续放松，感觉舒适的平静流过你的身体。

9.全面恢复诱导

深深地、均匀地呼吸，让你的思想和身体休息。将所有的忧虑放到一边，将所有的忧虑放到一边，只想着全面放松，现在想象一种治疗的白光在你的头顶。它散开，包围着你的整个身体，看见它在你的皮肤表面，感觉它在你的身体内循环，治疗和清洗你的每一寸身体、每个器官、神经、肌肉和细胞。现在感觉它的温暖流过你的头部，感觉它流过你的头部，流过你的头部，通过眼睛，感觉它向下在你的肩部融化，在你的脖子周围循环；往下到背部，现在又向上回到你的背部，进入到你的肩部；往下到你的胸部，感觉它在你的心脏循环；流过你的肺，进入到你的胃，流过你的肠，清洗并治疗，一遍又一遍，它清洗并治疗你的整个身体。现在想象自己健康、强壮、有活力，在你的脸上挂着笑容，你感觉好极了，这种积极的想象会一天一天地变得越来越强大。

期望和加强什么

当你感觉不适、需要缓解时，应用治疗你特定健康问题的诱导暗示。在第1周，每天都进行全面恢复诱导，随后的2~3周每周进行3次，当你发现积极变化正在发生时，你需要在每天实施全面恢复诱导，并持续一周。然后逐渐减少次数，直到症状消失（或者是你的不适减少到最低的水平）。变化频率是让你的潜意识有足够的时间来接受并对暗示做出反应。如果你突然连续用任意的吸收时间来轰炸你的潜意识，你改善健康的机会将减小。

特别提示

早在20世纪80年代，有很多牙医、心理医生，以及其他卫生工作者在他们的医疗实践中使用了催眠。认识到催眠也是一种治疗方式是非常重要的。但是，在开始催眠治疗之前，你仍需要就你的特定健康问题去咨询你的医生。

并且，你必须记住整个健康计划由很多元素组成，这些元素必须一起发挥作用才能解决你的健康问题。你可用催眠治疗用上20年，但是，如果你每天抽3包烟，并且从来不练习，你不可能轻松减轻你慢性支气管炎的症状。记住催眠不能单独发挥作用。

美容

美容，一直是现代女性的永恒话题。生活忙碌，整天挂着一张疲惫、沧桑的脸，对女性来讲并不是件好事。单靠化妆品，多么巧妙也难以追回自己的本来青春美貌。催眠可以美容，催眠美容的要点其实就在于一个词——放松。要想能保持美丽的容颜、漂亮的脸蛋，就要学会放松面部，去除面部的紧张，去除面部所有引起紧张的力；要想放松面部，去除面部的压力，这就必须先除去下颚的力；而要除掉下颚的力，就必须先放松喉部，除去喉部的力；要除去喉部的力，就必须先除去胸部的力……按此顺序把直至脚趾的力全部从体力除去，除去全身的力，使身体放松下来。这就是催眠美容的关键和奥妙所在。

催眠美容，其实就是通过消除这种压迫面部、压迫身体的力——紧张，而使之恢复本来"面目"的方法。如果面部总是处于一种紧张的状态，不能够放松，毛细血管就会萎缩，皮脂也就不能顺利地分泌出来，皮肤因此变得非常干燥粗糙。另外，由于新陈代谢不活跃，汗腺的功能也会变得迟钝，致使皮肤就像集了一层灰垢一样地发暗，这就是美容学中常会用到的"肌肤暗淡"。这种状态如果持久下去，皱纹或老年斑必然就会增多，以致形成典型的老人脸。如此一来，即使涂上再高级、再有效的化妆品，也只能劳而无功。催眠美容，就是在催眠状态下，充分释放压迫肌肤的紧张，解放面部皮肤肌肉、血管和神经，使之还原修复本能，恢复各项生理机能。

催眠美容法也称"在睡眠中变漂亮"。这是因为，许多人通常都是在面部带着紧张、带着力，得不到休息的情况下入睡的。因此，在睡眠中就出现了咬牙、反复翻身或是梦呓等行为，以致休息得不够有效，不够彻底，带着疲劳的脸色醒来。催眠美容主要就是通过睡眠期间来消除面部、身体的紧张。

在理解上述道理的基础上，只要熟练掌握催眠美容的方法，并且坚持练习，你的皮肤就会保持光滑红润。

催眠美容的准备

催眠美容的双方最好是夫妇、恋人、姐妹或者关系比较亲密的朋友等，这样会增加信赖。催眠美容对象确定后，接下来就是装束、衣服的准备了。此时也可以选择播放一些轻柔、喜爱的背景音乐。

催眠美容的姿势

选择仰卧的姿势很容易放松的，可以根据个人的爱好或习惯来选择。

催眠美容的放松顺序

放松面部，彻底消除面部的紧张，首先必须放松处于其中心的眼窝周围的紧张。从面部肌肉的构造来说，要想消除眼部的紧张，必须先消除嘴部的紧张。为放松嘴部，又必须要先放松下颚。而放松下颚，又必须要先放松颈部。这样一来，就形成了从颈部到胸、腹、腰、大腿、膝部、脚腕、脚趾的循序渐进的顺序。这个顺序是无法改变的。

在进行放松之后，还要给予自己正面、积极的自我暗示，这一步骤也是非常重要的，暗示语可以参考如下：

"我喜欢水，我喜欢喝水，因为水能够净化我的身体，使我的皮肤越来越有光泽、越来越光滑、越来越有弹性、越来越迷人……我喜欢。

"我喜欢水果，我喜欢吃水果，因为水果里面含有大量的维生素及其他营养成分，使我的身体更加健康、更有活力，也使我的皮肤越来越滋润……我喜欢如水的肌肤，我喜欢水果。

"我喜欢用手去轻轻地按摩我脸上的皮肤，按摩会促进血液循环，加快身体的新陈代谢，排除毒素，滋润我每一处细胞，让皮肤更清洁、更透明、更有光泽……我喜欢。

"当我感觉到眼睛疲累的时候，我就会立刻把眼睛闭上，让眼睛安静地休息一下，然后我会轻轻地按摩我的眼睛，使我的眼睛恢复活力和光彩，像星星一样明亮，睁开眼睛的我会觉得容光焕发、神采奕奕……我喜欢。

"我的潜意识会自动引导我过让身心越来越健康的生活方式，我会自然而然地身心越来越健康，而且越来越美丽。

　　"我对自己非常有信心，我完全相信这些正面、积极的信念。我的皮肤非常好，非常健康，富有弹性，很有光泽，人们见到我，都会情不自禁地多看我一眼……我会一天比一天更容光焕发……我会越来越迷人……现在，我可以充分地享受能量补充过程，改善自己的肌肤……越来越漂亮……"

　　进入了催眠状态后，在内心反复诵读这些暗示语，至少诵读3次。自我暗示结束以后，你可以充分发挥自己的想象力，想象你散发出迷人魅力的画面，例如走在马路上时，路人都目不转睛地盯着你，羡慕你的皮肤那么好，看起来那么青春而有活力。你所想象的画面越逼真，你的潜意识就会更加有动力来帮助你实现你的心愿。

减肥

　　这是第几次了？你从很多种方法中选择了一种最痛苦的节食方法，严格遵守，直到稍微减轻了一些体重，你遭受着难以想象的痛苦，你的肚子饿得咕噜噜直叫，甚至感到胃疼。你想得就是只能喝一杯鲜榨的苹果汁儿。而且，你竟然已经习惯了这种痛苦，把这种烦恼当成减轻体重过程中的必然部分。然后，你终于达到了目标，体重稍微减轻了一些。这时候，你认为你终于可以停止节食，正常地吃东西了，你确实也这样做了。但是就在几周后，你减掉的体重又全部恢复了。

　　这是一个常见的、几乎乏味的例子。但是，它也说明了导致这种不成功的最普遍因素：你没有考虑到吃得过多的原因，而通过对身体摄取食物进行限制来减轻体重是不会持久的。

　　假如你是属于吃得过多的超重者，你的问题并不在于你的代谢速率，而很有可能在于你的思想，更确切地说，是你的潜意识。你可能通过很多有意识的努力减轻了体重，你的意识不让你有饥饿感。但是，当你达到目标并停止节食，你的潜意识会重新恢复。这是因为潜意识比意识要强大得多。

　　潜意识并不是可以简单控制的力量，只有通过不断努力，你才会体会到生命中的长久改变——这种改变是自动产生的并且没有痛苦。

与你的潜意识握手

你可能还不完全清楚自己吃得过多的原因。为什么会这样呢？任何在能引起长期的身体、情感、社会或精神上不适的真实动机，都很有可能被埋藏得很好以防被认出。挖掘出原因不像你想象的那么难，因为只有几个主要原因。

第一，你其实是把吃东西作为对自己的奖赏或款待。从你生命一开始，你已经用食物作为从简单的任务到巨大成功的奖赏。例如，看一下你生命中食物奖赏的"年表"，当你是个婴儿时，你拣起玩具、说"请"、"谢谢"或对"便盆训练"有反应时，会得到美味的饼干作为奖赏。当你是成长的孩子时，洗盘子会得到精致的甜品，练习大提琴会得到小甜饼。你的老师把糖果发给每个在拼写考试中得A的学生。当你已经是十几岁的孩子，在让人满意的比赛后教练会带全队去吃比萨、去看电影。你会买饮料、爆米花和一包糖进一步款待自己。当你毕业，你的父母还会带你到他们能负担得起的最好的饭店吃饭。当你已经是一个成年人了，被提升为经理，你当然要出去吃饭以示庆祝。你带着潜在客户去吃中饭。你拖着劳累过度、被忽略的身体去度迫切需要的假期，第一件事情就是找那些著名小餐馆。

读了这些你可能会这样想："很多例子都很适合我，或者和我很接近，但问题是我真的喜欢这些活动。如果我真的喜欢我该如何去避免这些情况呢？如果我需要和一个大客户参加一个夜宴，我该如何推掉呢？"

你完全不必做任何不想做的事。你可以带着牢牢建立在你友善潜意识中的新习惯去参加早宴。事实上，你可以去任何以食物为主的聚会并且仍然非常喜欢待在那里。

第二，可口的食物，不只是果腹，常常还会安慰那些痛苦的心。你用吃东西来减少或打消不愉快的经历。同样，这个模式也是在你很小的时候建立的。你出牙了觉得难受，所以给你可口的磨牙饼干，这是对抗牙龈疼痛最好的方法。你从秋千上掉下来，善良的大人为了不让你哭而给你饼干吃。这种模式在你整个生命中继续着。没有考上报考的大学，你出去和朋友大吃一气。失去了一个重要的商业合同，你坐在电视前吃糖。你和真心喜欢的人约会，结果却不好，你知道你再也见不到这个人了，于是你走进了厨房，从冰箱里找到那些能安慰自己的东西。

你知道这些让人苦恼的事情驱使你去街角的小酒馆，那里的奶酪味道好极了。但是，消费多少食物才能消除你先前的不快经历呢？如果你比较诚实的话，你就会不得不承认，只有在你正在吃蛋糕的时候，伤痛才会有一部分被麻木。

第三，你之所以吃东西是因为你想被注意。你需要得到更多的注意，感觉自己更加重要。如果这个想法看起来有些牵强，想想你给予那些非常超重的人的注意力——超级市场过道里你挤过的那个人、看表演时从你前面挤入座位的那个人……人们对体形大的人总是有那么一种关注，虽然这种关注是负面的，至少它是一种形式的注意。而且，在生活的某些方面，引起负面的注意比正面的注意更容易。

第四，当你需要爱的时候你会吃东西。你想让别人给你爱，所以通过吃很多好东西来爱自己。

制订计划

现在你已经写出了你的问题，并且也已确定了选项，需要看一下你的整体目标。无论你的体重问题的特点怎样，这些对每个人来讲都是非常相同的。它们是：

经历体重减轻；

保持体重减轻；

将新习惯融入你的日常生活。

第三个目标是第一和第二目标的真正关键所在。正如你懂的，你的食量以及你的饮食方式都是已经建立在潜意识中的固有模式。为了改变你消极的饮食模式，必须要建立一个新的模式。你需要重新编制你的潜意识。下面是你实现减轻体重、维持减轻体重以及融入新习惯所必需的特定目标。你需要做如下工作：

让食物与你的幸福感的关系变得不再重要。诱导暗示可以是这样："我吃的量正确、合理，我就完全满足了。我从一餐到下一餐都非常满意。"

建立自信心和自尊心以便能接受一个减肥的自我。诱导暗示可以这样："我回忆我生命中的所有积极的事情，我已经达到的目标和成功，我知道我会继续成功地达到每一个目标，为自己建立最健康、积极的生活。现在，我想象看到自己腹部平坦，臀部和大腿结实有型，腿结实、修长。

我看起来好极了，感觉非常好。"

增强健康食物的吸引力，比如蔬菜，并且减少对脂类食物的食欲。诱导暗示："现在，我想象一张桌子在我面前，我把对我有害的垃圾食物堆满了桌子，垃圾食物对我的身体和情感有害。它们对我好像毒药。它们对谁都是毒药。如果我选择吃这些食物，我吃得很少，非常少就让我完全满足。因此现在我把这些食物从桌上推开，推得远远的。现在，在那个空桌子上，我把我喜欢的许多食物放在上面，如有益健康的食物、含有极少量能量的食物等。"

根据吃得过多的时间、地点、原因，将新的行为模式融入你的日常生活。诱导暗示可以参考这个："我现在有了对付我那旧习惯的新方法了。"

完整诱导

现在，你明白诱导工作的方式后，你马上将要用到它。

体重控制诱导法：因为你现在平静又放松，你能成功完成任何目标、减轻体重。你正想象你已经失去了你不想要的或不需要的那些赘肉，并维持体重减轻。你想象、感觉并认为自己是个减肥者，瘦下来后，肌肉紧了，全身处于良好状态。你的潜意识现在正按这个想象行动，实现这个想象。你会让自己体重减轻，减去你不想要、不需要的体重，保持体重一直减轻。

你把不良的饮食模式彻底转变为良好模式。你容易地让这种转变发生。无论你是否正在谈话，你都完全注意到你吃的量，吃到适度就要停止，那种感觉很好。你吃的量正确、合理，你当然就会完全满意。你从一餐到下一餐都满意，之间不想吃零食。

不管任何压力，你更加平静、放松，食物对你更加不重要。你为自己感到骄傲。现在，任何你想吃的时候，你都选择那些有益健康的食物，并且你将会吃得适量。当你已经吃得适量时，你就不要继续吃了。你甚至可以在盘子里剩下一些食物，那很好。你只是停止吃了，继续放松。现在让自信和平静流遍你的全身。你比以前更加有动力去为自己建立一个最健康和积极的生活。把旧的饮食模式变换成新的饮食模式，保持减轻的体重。

你感觉好极了，你开始感到一种全新、健康的能量流遍你的身体和思想。你的思想积极、自信。你回想自己智力、创造力的全部积极方面。

催眠术的端倪

对催眠术的一些疑问